L'UNIVERS À L'ENVERS

J'AI LU

PHILIP JOSÉ FARMER

Les amants étrangers	*J'ai lu* 537/**3**
L'univers à l'envers	*J'ai lu* 581/**2**
Ose	*J'ai lu* 621/**2**
Le faiseur d'univers	
Les portes de la création	
Un cosmos privé	
Des rapports étranges	*J'ai lu* 712/**3**
La nuit de la lumière	*J'ai lu* 885/**2**
Tarzan vous salue bien	
Le seigneur des arbres	
Silver Grandcœur	
Le temps du retour	
Le soleil obscur	*J'ai lu* 1257/**4**
La jungle nue	
Le fleuve de l'éternité :	
1. Le monde du fleuve	*J'ai lu* 1575/**3**
2. Le bateau fabuleux	*J'ai lu* 1589/**4**
3. Le noir dessein	*J'ai lu* 2074/**6**
4. Le labyrinthe magique	*J'ai lu* 2088/**6**
5. Les dieux du fleuve	*J'ai lu* 2536/**6**

PHILIP JOSÉ FARMER

L'UNIVERS À L'ENVERS

TRADUIT DE L'AMÉRICAIN
PAR DENISE HERSANT

ÉDITIONS J'AI LU

Collection créée et dirigée
par Jacques Sadoul

Titre original :

INSIDE OUTSIDE

Ils étaient deux à flotter dans le vide crépusculaire.

Enlacés, le menton de chacun appuyé sur l'épaule de l'autre, ils pivotaient autour d'un axe commun, dans un interminable tournoiement.

Autour d'eux (il n'existait ni haut ni bas), il n'y avait rien. Rien que l'air invisible qui les poussait vers le centre de la sphère, vers le soleil occulté par un nuage de poussière.

Jack Cull serrait étroitement contre lui Phyllis Nilstrom, tout en regardant fixement par-dessus l'épaule de celle-ci. Au bout d'un certain temps, impossible à déterminer avec précision en ce monde où le soleil restait toujours à la même place dans le ciel, il vit apparaître une petite tache. Son cœur se mit à battre à coups redoublés. Puis la tache grossit. Cull comprit qu'elle ne se dirigeait pas droit sur eux. Ce n'était pas, comme il l'avait cru tout d'abord, un des débris abandonnés par le cataclysme : bâtiment, arbre ou fragment arraché à une montagne. Sa forme était celle d'un être vivant mais elle n'avait de ressemblance avec aucune des créatures que Cull avait connues en ce monde.

L'être vira et changea de direction, de toute évidence parce qu'il avait aperçu les deux humains.

Il se rapprocha et Cull devina qu'il s'agissait d'un

membre de l'espèce nouvelle, du troisième des groupes appelés à peupler ce monde.

La vue de cette apparition monstrueuse ne l'effrayait pas. Il était passé récemment par trop d'épreuves pour pouvoir encore ressentir une émotion. Il n'accordait même pas toute son attention à l'étrange créature, car sa pensée revenait sans cesse à une Terre dont il se souvenait mais qu'il n'avait jamais vue, qu'il avait un moment espéré voir, dont il savait maintenant qu'il ne la verrait jamais.

Et il évoquait cette époque encore récente où les hommes évaluaient le temps en fonction de leurs périodes de sommeil et de veille, où les circonstances étaient différentes. A cette époque, Cull, ignorant la vérité mais voulant la découvrir, avait connu l'espoir. Malgré toutes les preuves du contraire, il avait eu du mal à admettre qu'il pût se trouver en Enfer. Car ce monde n'était pas un monde physique obéissant à des lois physiques... bien que certaines choses fussent difficilement explicables.

Maintenant il savait que ce n'était pas un monde métaphysique, que toutes choses avaient leur explication, que chaque élément était gouverné selon des principes immuables. Le même principe de causalité qui régissait la Terre était valable ici.

Mais ce jour-là — le jour auquel il pensait — il n'en était pas encore tellement sûr.

★

Le Désert de la Mort était, selon les anciens, l'antique Enfer dont les feux s'étaient éteints. Jack Cull avait si souvent observé le désert, de la fenêtre de son appartement en haut de la tour, qu'il comprenait ce qu'ils avaient voulu dire. Ce matin (?)-là, tout en prenant son café — un ersatz instantané fait de feuilles d'arbre de roc broyées — il tenait les yeux fixés sur les toits et les murs de la cité et sur toute l'étendue du désert.

Aussi loin que portait son regard (il n'y avait pas d'horizon), tout n'était que sable. Çà et là, des montagnes se dressaient abruptement. Comme le désert, elles étaient dépourvues de tout arbre, de tout arbuste, de toute végétation. Autour d'elles, il n'y avait que du sable, du soleil et des vapeurs de gaz toxiques émanant de crevasses dans le sol.

Ce matin(?)-là, comme d'habitude, Cull regardait *en haut*, vers les montagnes, en se demandant si ce qu'on disait d'elles pouvait être vrai. Il courait dans la cité tant de bruits, dont si peu étaient dignes de foi. Mais il faisait bon conserver un espoir dans le cœur, le chérir, le réchauffer, lui insuffler de la vie... Et le bruit courait que, si un homme parvenait à traverser le désert jusqu'aux montagnes, il pourrait s'enfuir de l'Enfer lui-même. S'il en avait été autrement, d'ailleurs, pourquoi aurait-on élevé une barrière entre la cité et les montagnes?

L'ennui à propos de cette rumeur, c'est que Cull voyait de ses propres yeux qu'il n'y avait rien au-delà du désert.

Non, ce n'était pas tout à fait exact. En fait, Cull ne pouvait rien voir au-delà de l'étendue de sable, car celle-ci décrivait une courbe ascendante jusqu'à un point où le désert s'estompait dans un brouillard.

Pas de ciel. Ou, s'il y avait un ciel, il était un prolongement de la terre.

C'était un monde où le ciel n'était *pas* bleu, où le soleil se tenait toujours immobile au zénith, où l'on ne pouvait trouver d'ombre que sous un toit ou près d'un mur en plan incliné.

Cull s'était laissé dire par un ancien que, jadis, il arrivait qu'au bord du monde un homme bascule et tombe. Mais, avait ajouté son informateur, les choses avaient changé depuis — et pas en mieux. L'Enfer était un compromis entre des concepts terrestres et des faits infernaux. Et, ici, les compromis semblaient toujours tourner au pire.

— Il faut s'en tenir aux compromis, marmonna Cull.

Mais à quoi bon? C'était lui qui était tenu.

Cull retourna à son petit déjeuner, tout en examinant avec répulsion son appartement : quatre murs de pierre, un lit de pierre, un banc de pierre, une table de pierre, respectivement taillés dans le granit, la diorite, le tuf volcanique et la pierre calcaire. La table de pierre conservait l'empreinte des coudes chitineux que, de toute éternité (?), des « démons » y avaient appuyés. Le banc de pierre était usé au centre, à l'endroit où des fesses calleuses et squameuses s'étaient frottées pendant des milliers de millénaires.

Le petit déjeuner? Dans une écuelle de quartz, une soupe composée de manne et de filaments brunâtres, sorte de pâtes fibreuses provenant des feuilles d'arbre de roc. Ceux-ci constituaient l'unique végétation et s'ils existaient, pensait Cull, c'est que les humains avaient besoin d'une matière première. N'étant pas de purs esprits, mais des êtres de chair et de sang qui respiraient et saignaient, possédaient une bouche, des dents et des intestins, ils devaient absorber une nourriture consistante. Une autre raison de l'existence des arbres de roc, c'est qu'il fallait bien un générateur d'oxygène et un consommateur de gaz carbonique. Cet univers-là, bien que fermé, était tout aussi physique que la Terre d'où venaient les humains.

Après avoir mangé sa soupe et bu une autre tasse de café, Cull se mit en devoir de se raser avec un rasoir de silex. Il fallait bien sauvegarder les apparences : la fierté n'était pas interdite, ici moins qu'ailleurs. Et les moustaches étaient à la mode.

Mais, tandis qu'il passait une seconde fois le rasoir sur son visage, il se produisit à nouveau une secousse sismique. Le plancher se souleva, les blocs de pierre qui formaient les murs s'écartèrent légèrement. Cull s'appuya contre la table et continua de se raser : il n'allait pas se laisser impressionner par ces salauds! L'univers pouvait continuer son expansion si bon lui semblait. Quant à lui, il resterait impavide.

Comme s'ils s'en souciaient!

Résultat : il se fit une coupure au cou. Mais il

eut la malchance (la chance?) de manquer d'un cheveu la veine jugulaire.

Tout en jurant, il se dirigea vers la fenêtre pour regarder au-dehors.

Tout l'Enfer se déchaînait!

De très loin (qu'on s'en souvienne : il n'y avait pas d'horizon), une mince ligne apparut. Elle s'élança vers lui, vers la cité, s'agrandissant à mesure qu'elle se rapprochait et se dilatant jusqu'à se décomposer en deux murs formant une arête vive pareille à l'étrave d'un navire. Et, comme un navire, cette masse rugissante passait au-dessus des sables du désert, repoussant devant elle de grosses vagues et des nuages de poussière : nef du désert mue par la fureur de Dieu. Derrière la proue s'élevaient des tours de pierre semblables à de grands mâts. Des fenêtres et des portes de la tour sortaient des flammes. Un vaisseau de pierre en flammes glissant sur le sable pour un combat d'abordage avec la cité où vivait Cull.

— Attention! hurla-t-il. Ça va nous écraser!

Des tonnes et des tonnes de blocs de granit géants se précipitaient, à soixante-dix kilometres à l'heure, sur la cité constituée elle-même de tonnes et de tonnes de blocs de pierre. Cull cria, lui qui en avait tant vu qu'il croyait ne plus jamais pouvoir crier. Il hurla, bien qu'il eût déjà vu ce phénomène auparavant et qu'il sût — ou crût savoir — que la collision ne se produirait jamais.

De fait, elle n'eut pas lieu. La grande cité, qui semblait sur le point d'engloutir Cull après avoir broyé sa chair sous les masses de granit de ses murs, s'immobilisa tout à coup. Ses murs n'étaient plus qu'à cinq cents mètres de Cull.

Il se fit un grand silence au moment où se turent les hurlements qui montaient des rues sous sa fenêtre. Puis la grande cité bâtie comme un navire commença à reculer. Ou plutôt (Cull le savait d'après ses expériences antérieures) elle *parut* reculer, tout comme elle avait *paru* faire route vers eux. C'était un mirage, le reflet d'une ville située à Dieu sait combien de milliers de kilomètres de là. Parfois, au cours des séismes, d'étranges perturbations atmosphériques se produisaient. Un jour, c'est sa propre cité qui avait foncé à travers l'étendue de sable. Cull s'était alors vu lui-même, en train de regarder avec horreur ce spectacle par sa propre fenêtre dans la tour.

Maintenant, la cité aux tours en flammes avait disparu. Il ne serait jamais possible de permettre que s'établissent des relations, un commerce quelconque, entre Chrétiens et Bouddhistes. Chacun devait subir son propre Enfer. Les Autorités y veillaient.

Mais si les Autorités étaient si habiles, se dit Cull, pourquoi n'avaient-elles pas commencé par établir un Enfer suffisamment grand? A moins qu'elles n'eussent combiné les choses précisément de façon à frapper d'horreur, à chaque secousse, les humains qui se demanderaient si, cette fois, les deux Enfers n'allaient pas s'écraser l'un contre l'autre?

Portant la main au bas de son visage, Cull la retira mouillée. Il avait oublié qu'il s'était coupé avec le silex.

Il lécha le sang sur ses doigts et se mit à méditer sur son goût légèrement salé, sur sa couleur rouge et sur le fait que c'était son propre sang. Les plaisirs étaient rares en ce lieu et il fallait faire d'étranges choses pour s'en procurer. Cull connaissait un homme qui, une fois étendu sur le dos, parvenait à se plier pratiquement en deux pour ensuite... Non : mieux valait ne pas poursuivre. Cull ne pouvait supporter d'y penser, non parce qu'il trouvait cela de mauvais goût, ou vulgaire, ou contre nature, mais parce qu'il détestait cet homme de pouvoir prendre un plaisir que lui-même ne pouvait se donner.

Le sang continuait de couler goutte à goutte. La pensée qu'il pourrait mourir de cet écoulement de sang ne tracassait guère Cull, mais il tenait à réparer les dégâts. L'Inter, pour lequel il travaillait, exigeait de ses employés une allure présentable. En outre, la vue du sang risquait d'exciter les hommes et les femmes qui rôdaient par la ville et de causer à Cull des ennuis, voire des souffrances, sans fin.

Il téléphona donc à son médecin qui occupait une petite chambre au dernier sous-sol de l'immeuble. (Des téléphones en Enfer? Pourquoi pas? C'était l'œuvre de ceux qui étaient arrivés là avant l'homme : les « démons ». Il y avait dans la cité un vaste réseau de lignes téléphoniques fixées, non sur des poteaux de bois, mais sur les têtes des gargouilles qui faisaient saillie, en grand nombre, sur la façade de tous les édifices.)

Le pauvre diable de médecin était occupé à soigner un autre malade. Mais, comme Cull était un personnage plus important que ce dernier, il fut chez lui en cinq minutes. Le Dr B.O., comme on l'appelait, était fatigué, hagard. Ç'avait été autrefois un splendide spécimen, un géant au physique magnifique. Mais il était fatigué physiquement et son esprit — qui ne faisait qu'un avec son corps — était accablé, sinon anéanti.

Il ouvrit sa petite trousse noire, appliqua quelque chose sur la blessure pour la refermer et la recouvrit d'un onguent.

— Qu'est-ce qui a provoqué la secousse sismique cette fois-ci? lui demanda Cull.

Le médecin, dont les yeux brunâtres lançaient des éclairs, répondit d'une voix lasse :

— Une nouvelle famine en Chine.

Sa voix était rauque d'épuisement tandis qu'il donnait cette explication. Un demi-million d'âmes enfermées dans leur enveloppe charnelle avaient pénétré en Enfer au cours de la nuit. Et l'Enfer s'était dilaté pour leur faire place. D'où la tension ressentie par cet univers sans bornes et cependant limité, la projection vers l'extérieur de la cité bouddhiste, les crevasses dans le sol, l'ébranlement et parfois l'écroulement des édifices. Un mirage, l'autre cité? Ah! certes, non!

Le Dr B.O. savait ce que cela signifiait pour lui et ses collègues : davantage de travail, pas de sommeil. Il était tellement fatigué qu'il osa même se plaindre à Cull. Bien sûr, connaissant l'indulgence de celui-ci, il pensait qu'il ne l'enverrait pas promener. Il le soupçonnait même, à tort d'ailleurs, d'appartenir au mouvement clandestin des abolitionnistes.

— Ne m'ennuyez pas avec vos récriminations, lui dit Cull. Nous sommes tous embarqués dans la même galère.

— Oui, répondit le démon d'un ton geignard.

Il referma d'un coup sec sa petite trousse noire et se dirigea vers le téléphone, car il savait qu'on allait l'appeler dans quelques instants.

— Oui, nous sommes tous embarqués dans la même galère. Mais vous êtes un passager de première classe sur un paquebot de luxe, alors que je ne suis qu'un pelleteur de charbon dans la soute.

— Il fut un temps où c'était le contraire, lui fit remarquer Cull.

Le téléphone sonna et Cull alla répondre. Il décida de laisser partir le Dr B.O. A quoi bon discuter? Autrefois, quand ce monde était petit et façonné sur le modèle ptoléméen, les « démons » — ou *Arganus* : tel était le nom qu'ils se donnaient — l'emportaient en nombre sur les hommes. Ils gouvernaient comme peut le faire toute majorité arrogante et pleine de préjugés. Puis, lorsque ce lieu — appelons-le Enfer — avait été remodelé selon la structure copernicienne et que l'humanité sur Terre s'était mise à croître selon une progression géométrique, les démons s'étaient trouvés tout à coup en minorité.

Un retournement de situation. Même ici les choses changeaient. C'était normal, puisque l'Enfer n'était qu'une image (déformée, certes) de la Terre.

Mais les changements ne sont pas toujours des améliorations. D'après les démons, c'était le contraire. Maintenant, les démons ne constituaient qu'une fraction de la population. La force prime le droit. Les démons, maîtres autrefois, étaient devenus esclaves. Certes, l'esclavage était légal et juste, car seuls les êtres humains possédaient des droits civiques. Et les démons n'étaient pas des êtres humains. Tout menteurs qu'ils fussent, eux-mêmes n'auraient pas osé le prétendre. D'ailleurs, sans les démons, les humains auraient-ils été en Enfer?

Le Dr B.O. reposa l'appareil et sortit de la pièce, rapide et lumineux comme l'éclair.

Il avait laissé le récepteur décroché, négligence qu'il devait payer par la suite. Cull n'était pas devenu indifférent au point de refuser une telle occasion. Il prit l'appareil et écouta, espérant entendre quelque chose qui sortît de l'ordinaire. Il n'entendit tout d'abord que le ronronnement de la ligne. Puis une voix à l'accent slave prononça ces mots : « ... quelque part tout au fond. Sans doute parce que c'est le seul endroit où nous ne soyons encore jamais allés. Cherchez dans les égouts. »

Il y eut un déclic. Cull reposa le récepteur, prit sa serviette de cuir et sortit. *Cherchez dans les égouts,* se répétait-il. Que diable signifiait cette phrase? Chercher quoi?... Mais, en arrivant dans la rue, il n'y pensait déjà plus.

Dehors, un attroupement s'était formé autour d'un cadavre écrasé par un bloc de granit que le séisme avait fait tomber. La mort n'effrayait ni n'attirait les passants. C'étaient seulement les effets qu'elle entraînait qui les incitaient à rester debout près du cadavre, alors qu'un travail urgent les appelait peut-être ailleurs.

Cull attendit, lui aussi. Il était déjà en retard pour son travail, mais il n'avait pas l'intention de manquer le spectacle, même s'il devait être renvoyé de l'Inter. Il aurait détesté être mis à la porte, car perdre son travail c'était l'Enfer. Mais il voulait voir ce que la mort déclenchait.

Dans le lointain, il entendit le premier et faible mugissement de la sirène. Le son était encore éloigné et Cull sut qu'il avait le temps d'entrer dans un magasin pour acheter, ou tenter d'acheter, du tabac et du papier à cigarettes. Le propriétaire du magasin n'était pas là. Son esclave, un énorme démon noir qui tenait à se faire appeler Oncle Tom, ramassait divers articles que la secousse sismique avait fait tomber du comptoir et des rayons. Il leva les yeux vers Cull, en grimaçant un sourire qui fit étinceler dans son visage d'un noir d'encre ses dents couleur de pâte dentifrice. Il était beaucoup plus noir que les autres nègres, car les plus foncés des nègres ne sont pas vraiment noirs, mais d'un brun sombre. Ses cheveux laineux étaient tondus ras, et il avait des lèvres épaisses comme celles qu'on voit aux Congolais sur les caricatures.

— Bonjou', missié Cull, dit-il. Pou'quoi vous veni'ici, missié Cull, not' maît', Vot' Seigneu'ie ?

— Tu as envie de te faire botter les fesses, Oncle Tom? répondit Cull.

Il s'en voulut aussitôt d'avoir prononcé ces mots, parce que Oncle Tom l'avait poussé à les dire et avait espéré qu'il les dirait.

— Oh! Seigneu', missié Cull! J'ai pas voulu vous offenser, pou'sû'! Moi y en êt' qu'un pauv' vieux noi', Vot' Seigneu'ie! Un pauv' vieux mo'icaud qu'essaye de s'entend' avec les hommes blancs. S'il vous plaît, me battez pas. Moi êt' p'êt à lécher vos bottes, à baiser vos mains, tout comme les bons à 'ien comme nous doivent le fai'e. Moi y en êt' qu'un pauv' vieux mo'icaud.

— Pour l'amour de Dieu, tais-toi! lui ordonna Cull.

Il était exaspéré : le démon avait trouvé le moyen d'agacer et d'exaspérer les êtres humains. Et, si l'on disait à Oncle Tom que, n'étant pas humain, il n'était pas censé parler comme un nègre d'opérette, il rappelait que, selon les dires des hommes, les nègres non plus n'étaient pas des êtres humains.

D'ailleurs, à en croire ses dires, Oncle Tom était un ange nègre et, même avant la Chute, il parlait ainsi. Il prétendait avoir été le domestique de saint Michel lui-même. Puis il se mettait à rire — en découvrant ses crocs qui étincelaient — et disait que la Chute n'avait pas été pour lui une déchéance : au Ciel, il n'était pas mieux loti. Mais il y avait peut-être chute en ce sens que saint Michel était une personne de qualité, alors qu'ici-bas Oncle Tom devait servir de pauvres Blancs.

Arrivé à ce point de son discours, il recevait effectivement un coup de botte dans le derrière, qui ne lui causait pas le moindre mal mais faisait généralement hurler de douleur celui qui le lui avait décoché. S'il était suffisamment en colère, celui-ci menaçait de le lyncher. Il s'ensuivait une nouvelle scène embarrassante, au cours de laquelle Oncle Tom tombait généralement à genoux, en levant les bras en l'air pour implorer le pardon de son bourreau. Pendant tout ce temps, il s'amusait énormément. Celui qui l'avait menacé le savait bien mais ne pouvait rien faire d'autre que l'injurier et le menacer davantage. Si un lynchage avait eu lieu les Autorités y auraient mis rapidement bon ordre et les participants auraient été sévèrement punis : la loi se faisait respecter, ici comme partout ailleurs.

D'un autre côté, Oncle Tom n'osait pas quitter son emploi : la loi s'appliquait à lui aussi.

— Où est le propriétaire? demanda Cull, sachant bien qu'Oncle Tom riait intérieurement de l'avoir vu rougir.

— Hélas, missié, c'est lui qui est deho's. Sous le bloc de g'anit. Pauv' missié, il se'a bientôt dans la tombe noi'e et f'oide.

C'était là un mensonge, et Oncle Tom le savait aussi bien que Cull. Il n'y avait de tombe pour personne dans ce monde refermé sur lui-même. Pas pour longtemps, en tout cas.

Peut-être Oncle Tom mentait-il aussi en ce qui concernait l'identité du cadavre sous le bloc de pierre.

— Espèce de diable noir, lui dit Cull, tu cherches à m'induire en tentation pour que je prenne une poignée de tabac et m'enfuie dans la rue en l'emportant, n'est-ce pas? Et je ne serais pas plus tôt parti que tu te mettrais à crier à tue-tête : *Au voleur! Arrêtez-le!*

Le regard d'Oncle Tom brillait d'une feinte innocence.

— Oh! non, maît'! protesta-t-il. Pas ce pauv' diable! Vous y en a pas devoi' di'e des choses pa'eilles quand vous pas savoi'! Si vous deviez p'ésenter cette affai'e devant un t'ibunal, vous se'iez jeté deho's, missié, et vous dev'iez demander pa'don à genoux à pau'v Oncle Tom pou' lui avoi' fait cette offense! Moi, pauv' mo'icaud, y en avoi' bien app'is ma leçon et plus jamais, jamais, tenter un humain, missié! Moi y en avoi' app'is à teni' ma place dans la société!

Cull était tenté. Il transpirait à grosses gouttes et regardait tout autour de lui pour voir s'il pourrait se risquer à s'emparer du tabac. A défaut, peut-être y aurait-il moyen de conclure un marché avec Oncle Tom?

Mais non! Il l'avait appris à ses dépens : ceux qui violaient la loi se faisaient toujours prendre. Les Autorités y veillaient.

— Je veux du tabac, dit-il, et c'est le seul endroit où je puisse m'en procurer avant d'arriver à mon travail. Veux-tu m'en vendre?

Oncle Tom eut un sourire sournois.

— Vous bien savoi' que nous aut' pauv' diables, y en a pas avoi' le d'oit de fai' du comme'ce avec les Blancs. Nous y en êt'e tout juste bons à balayer le plancher, à épousseter, à casser du bois et à ti'er de l'eau. Non, missié, moi 'ien pouvoi' vous vend'e.

— Tu veux dire que je devrai me passer de fumer aujourd'hui? demanda Cull, que le sentiment de son impuissance faisait étouffer de rage.

— C'est vous que ça 'ega'de, missié Cull. Moi 'ien pouvoi' fai'. Moi désolé, répondit Oncle Tom.

Il grimaça un sourire et se baissa de nouveau pour ramasser les objets tombés à terre.

A ce moment, le mugissement de la sirène était devenu très fort. Cull demanda :

— Le patron devait bien avoir une femme? Je pourrais peut-être m'arranger avec elle?

— Oh! Seigneu'! dit Oncle Tom avec un éclat de rire aigu. Le pat'on y en avoi' été un homme t'ès 'eligieux, pou' sû'! Et y en avoi' dit que, puisque y en avoi' pas de ma'iage possible ici, pas plus qu'au Ciel, lui pas y en avoi' l'intention de viv' dans le péché avec une femme!

— Tu m'écœures! s'écria Cull — et il quitta la boutique.

Le bruit de la sirène devenait de plus en plus fort. Au bout de quelques secondes, l'ambulance apparut au coin de la rue. La foule recula pour lui faire place. La voiture s'arrêta à quelques mètres du bloc de pierre, et le cri plaintif de la sirène s'éteignit peu à peu. Le conducteur de l'ambulance et un passager descendirent du siège avant. Deux hommes sortirent de l'arrière. L'un d'eux portait une civière pliée, l'autre une paire de pinces.

Comme le reste de la foule, Cull éprouva une déception : X n'était pas venu cette fois-ci.

Si Cull était déçu, il se sentait en même temps soulagé. Il avait vu X deux fois et, en ces deux occasions, il avait été frappé de terreur, au point que ses cheveux s'étaient dressés sur sa tête tandis qu'un frisson lui parcourait l'échine.

Il s'éloigna, n'ayant pas envie de perdre son temps à regarder quatre hommes (étaient-ce bien des hommes?) soulever le bloc de pierre et placer le cadavre à l'arrière de l'ambulance. Cull avait été trop souvent témoin de scènes semblables : au bout de quelques heures, le mort — qui ne serait plus mort — reviendrait s'occuper de sa boutique. La mort, ou le non-être (quel que fût le nom qu'on lui donnât) était un luxe auquel les habitants de ce lieu n'avaient pas droit pour longtemps.

D'où venait l'ambulance? Qui l'avait faite? Où avait-elle été fabriquée? Comment roulait-elle? Nul ne connaissait de réponses à ces questions. A première vue, elle ressemblait aux automobiles de la Terre, telles que Cull se les rappelait vaguement. Elle comportait un châssis de métal ou de plastique noir, un pare-brise, quatre roues couvertes de pneus de caoutchouc ou de plastique, un volant, un capot. Mais quelle sorte de moteur renfermait ce capot? Nul ne le savait. Rien n'indiquait la présence d'une calandre ou d'un radiateur. Et le moteur était absolument silencieux.

Qui donc pouvait savoir ce qui se passait dans ce

monde-là? Pour sa part, Cull l'ignorait. Il ne savait même pas s'il était là depuis deux ans... ou depuis vingt.

Le soleil se tenait toujours suspendu au milieu du ciel, ce ciel qui n'était pas un ciel mais seulement le prolongement de la terre. Celle-ci s'infléchissait, s'enroulait sur elle-même pour finalement devenir le ciel. Si l'on avait possédé un télescope suffisamment puissant pour transpercer l'atmosphère, on aurait pu — disait-on — voir au-dessus de soi des gens marcher la tête en bas, et distinguer des tours aux sommets tournés vers le bas, comme des stalactites. Si l'on avait pu faire le tour du monde, on se serait retrouvé en un point d'où l'on pouvait lever les yeux vers l'endroit même d'où l'on était parti.

Si... si... si... Mais bien entendu, il n'y avait pas de télescope, quoiqu'il fût théoriquement possible d'en fabriquer. Et nul n'aurait pu faire le tour du monde, ni même commencer à escalader l'horizon, car il ne pouvait être question de traverser l'étendue de sable qui, bien que n'étant plus en combustion, restait cependant le Désert de la Mort.

Il suffisait de regarder par la fenêtre d'une tour et de voir les perspectives de la cité elle-même décrire une courbe vers le haut pour vous rendre fou d'épouvante.

Nu, sa serviette de cuir à la main, Cull traversait les rues de la cité. D'autres êtres, également nus, se pressaient en foule dans les larges artères bordées d'édifices élevés. Tous étaient des hommes et des femmes d'âges divers, mais dont aucun n'avait moins de vingt ans. Il n'y avait là ni nourrissons, ni enfants, ni adolescents. Où se trouvaient donc ceux-ci? En quelque autre cité? Ou ailleurs, hors de ce monde replié sur lui-même?

Les adultes arrivaient ici sous la forme qui était la leur dans l'autre monde, le monde de la Terre. Ils avaient le même âge qu'au moment de leur mort. Cull se souvenait vaguement — tous les souvenirs qu'il gardait de sa vie antérieure étaient vagues — d'être mort dans un accident de voiture. Il était alors âgé, croyait-il, d'environ trente ans. Il avait une femme et trois enfants de huit, six et trois ans. Sa femme était blonde, jolie, mais quelque peu acariâtre. Il ne pouvait évoquer son visage avec précision mais croyait se rappeler qu'elle avait un joli nez, des lèvres charnues, un menton arrondi et une fossette sur la joue.

Quelle profession exerçait-il sur Terre? Si on avait interrogé Cull sur ce point, il aurait répondu qu'il était ingénieur électronicien. Mais il se rappelait fort peu de chose concernant l'électronique. Au moment où le fatal accident s'était produit, il était en passe de monter en grade dans l'importante société à laquelle il appartenait. Sa collision avec l'autre voiture (dont le conducteur — à moins que ce ne fût Cull lui-même — avait brûlé un feu rouge) était venue anéantir définitivement ses espoirs. Non seulement ses espoirs de parvenir à un poste plus élevé dans la société, mais encore ceux d'aller au Ciel. S'il n'avait pas éprouvé autant de haine envers son patron au moment de sa mort, si on lui avait donné le temps de se calmer, de pardonner à son patron, de ressentir l'amour qu'il était censé éprouver à l'égard de l'humanité entière (dont, malheureusement, le patron faisait partie)... Et s'il n'avait pas non plus, à ce moment-là, détesté sa femme qu'il soupçonnait de lui être infidèle sans en avoir aucune preuve. Et si encore il n'avait pas, à cet instant même, détourné la tête pour admirer le gracieux et ondulant mouvement de croupe d'une jolie brune aux longues jambes qui passait sur le trottoir... Si... Si...

Ce n'était pas juste. Cull avait été un homme de bien. Il avait vécu en chrétien, apporté son appui à l'Eglise, présidé divers comités d'œuvres philanthropiques et sociales. Il n'avait jamais tué, sauf pour défendre son pays pendant la guerre. Il n'avait jamais non plus...

Mais à quoi bon penser à cela?

« Nous ne vieillissons pas, ici, se dit-il. Et c'est étrange car notre condition physique est à peu près la même que sur la Terre. Nous mangeons, nous déféquons, nous nous accouplons (sans engendrer d'enfants), nous éprouvons de la douleur et du plaisir, nous saignons, nous mourons même. Mais nous avons subi une transformation qui nous empêche de vieillir et nous rend stériles. »

Quelque chose avait été modifié, en effet, mais pas tout. Juste assez. Ceux qui, sur la Terre, avaient de fausses dents en avaient ici aussi. Cull avait conservé un bridge en or entre deux molaires. Si, sur Terre, il manquait à un homme un doigt, une main, un bras, un œil ou un testicule, ce membre ou cet organe lui faisait défaut également ici. Mais il y avait une certaine loi d'équité, car un cul-de-jatte découvrait qu'un bras et une jambe lui avaient été restitués. Un homme complètement aveugle sur Terre se retrouvait, ici, en possession d'un œil, invariablement le gauche.

Et les fous, les idiots, les gâteux, les êtres atteints d'épilepsie, de paralysie, de scrofule, d'éléphantiasis, de syphilis, de sclérose, etc., étaient définitivement guéris de ces maux.

Bien entendu, ceux qui n'avaient perdu qu'un œil ou un membre criaient à l'injustice : si les malades et les êtres atteints de sénilité se trouvaient complètement remis, pourquoi en était-il autrement pour eux, les boiteux et les estropiés? Il n'y avait pas de réponse à cette question. Qui donc aurait osé prétendre que cet état de choses fût juste?

Il ne servait à rien de méditer là-dessus, et pourtant Cull ne pouvait s'empêcher d'y réfléchir.

C'est ainsi que, tout en méditant, il tourna le coin de la rue et se retrouva, comme chaque matin (?), devant l'Inter.

Celui-ci abritait ses bureaux dans l'un de ces édifices qui, avant qu'il y fût habitué, paraissaient à Cull démesurés et grotesques, et dont regorgeait la cité. L'édifice avait une hauteur d'environ six cents mètres — c'est-à-dire moins que bien des bâtiments de la Terre — mais il mesurait en outre un kilomètre cinq cents de large et avait été édifié avec les blocs de pierre les plus colossaux que Cull — ou quiconque — eût jamais vus. Chaque bloc, taillé dans le granit, la diorite, le basalte ou le marbre, constituait un cube de quinze mètres de côté. Ces cubes avaient été empilés les uns sur les autres sans l'aide de mortier et, tous les deux blocs, ils étaient décalés en arrière, de sorte que l'édifice avait l'aspect d'un jardin suspendu de Babylone. Sur chaque bloc étaient sculptés des milliers de visages ainsi que des petites statues. Pas des têtes de gargouilles, comme on aurait pu s'y attendre, mais des visages humains : des visages exprimant toutes les formes d'émotion de l'espèce humaine.

C'étaient les démons qui avaient sculpté ces visages. Mais ni homme ni démon n'avait pu extraire du sol ces blocs hauts comme des falaises ni les empiler les uns sur les autres. De qui était-ce l'œuvre? Nul ne le savait. Les démons affirmaient qu'ils avaient trouvé la cité dans son état actuel et s'y étaient installés. Cela se passait à l'époque où le pays à l'extérieur des murailles de la cité brûlait de ce qui semblait être une flamme éternelle, et où les êtres humains qui allaient s'y établir rôtissaient sans mourir.

De chaque côté du grand édifice, et le dominant, il y avait deux statues. Celles-ci représentaient apparemment des crapauds sur le point de se transformer en hommes, ou vice versa. Leurs énormes gueules étaient béantes, et l'air s'y engouffrait ou en sortait bruyamment. Partout à travers la cité existaient des statues semblables, et le gargouillement produit par l'air chaud entrant dans la gueule de certaines et l'air froid sortant de la gueule des autres servait de bruit de fond.

Au-dessus de l'énorme arche du portail, des mains humaines avaient gravé, en caractères hébreux, ces mots : NE LAISSEZ PAS TOUTE ESPERANCE. Cull passa le portail pour pénétrer dans un vestibule large d'une trentaine de mètres et haut de quatre-vingt-dix mètres environ, bien que le couloir n'eût pas plus de trois cents mètres de long; puis il passa par une entrée de trente mètres de haut mais de quatre mètres seulement de large, pour pénétrer dans l'Inter proprement dit.

La salle qui le composait avait été taillée dans un seul bloc de pierre, bloc gigantesque creusé de façon que l'intérieur eût une forme ovoïde. Les sièges, ainsi que les travées entre ceux-ci, partaient du bas et suivaient la courbe. Il y avait même des sièges en haut, de sorte que certains des démons qui avaient autrefois vécu dans cette pièce avaient dû s'asseoir la tête en bas. A moins que les sculpteurs n'eussent voulu faire preuve d'un sens de l'humour biscornu en plaçant ces sièges au plafond. Les êtres humains n'avaient jamais réussi à savoir ce qu'il en était. Tout démon questionné à ce sujet répondait qu'il n'était qu'un pauvre diable ignorant et qu'il n'en savait rien.

Cependant, les hommes et les femmes ne pouvaient s'asseoir que dans la moitié inférieure de la salle, jusqu'au niveau où les murs commençaient à décrire une courbe rentrante.

Chaque siège était occupé par un être humain qui tenait d'une main un appareil téléphonique et, de l'autre, un crayon de graphite et de plastique au moyen duquel il s'affairait à écrire sur une feuille de parchemin. Ce parchemin n'était autre chose que de la peau humaine tannée. Peau blanche ou beige bien sûr, parce que, sur la peau noire, les traits de graphite ne seraient pas ressortis. Si ce parchemin était fait de peau, c'est que, bien entendu, il n'existait pas de papier : il n'y avait d'autres arbres que les arbres de roc et leurs feuilles faisaient du mauvais papier.

C'étaient divers intermédiaires qui fournissaient à l'Inter les stocks de peau. L'Inter ne posait pas de questions à ses fournisseurs et payait en denrées diverses et étranges la peau qui lui était nécessaire. Parfois les Autorités s'emparaient des fournisseurs. Il y avait alors pénurie pendant un certain temps, jusqu'à ce que les écorcheurs eussent pu former de nouvelles recrues. Les Autorités auraient pu — du moins le supposait-on — détruire de fond en comble toute l'organisation si elles avaient voulu s'en donner la peine. Mais elles n'opéraient pas par magie : elles se servaient d'ouvriers humains ou démoniaques. Et les agents humains qui travaillaient pour les Autorités étaient généralement tués à coups de pierres dans les rues, ou saisis et torturés avant d'être mis en pièces.

Les gens assis devant les téléphones griffonnaient leurs notes, puis appelaient un coursier qui montait en courant les marches de la travée entre les sièges, saisissait le message et redescendait à la même allure jusqu'au fond de la salle ovoïde. Cet endroit était occupé par une vaste estrade de pierre. Des employés étaient assis devant des tables de pierre au pied de l'estrade et répondaient à des téléphones. Ils étaient chargés de passer au crible les messages qu'ils recevaient des personnes assises sur les sièges contre les murs. Quand ils jugeaient un message important, ils tendaient au coursier un billet à porter au Président.

Le Président était assis sur un énorme trône de diorite polie, au centre de l'estrade. Le trône était très lisse, très massif, très lourd, et pourtant il suffisait d'un léger coup de pied de celui qui l'occupait pour le faire pivoter. Il n'y avait pas d'intervalle apparent entre le siège, qui devait bien peser deux tonnes, et l'estrade sur laquelle il reposait. Cependant, il ne devait pas se produire la moindre friction entre sa surface inférieure et l'estrade, à moins qu'il n'existât un mécanisme au-dessous. Tous les efforts faits pour le soulever s'étaient révélés vains, mais le trône continuait de pivoter facilement et de tourner à un rythme rapide si on lui imprimait une poussée.

Le Président était un homme de haute taille, qui prétendait avoir physiquement soixante-dix ans mais chronologiquement mille sept cents — cet âge étant évalué par rapport au temps que connaissait Cull, et non d'après la façon dont on comptait en Enfer, où le temps n'existait pas. Le Président avait la tête couverte de longs cheveux blancs; il portait une barbe qui tombait jusqu'à ses chevilles décharnées, dans laquelle il s'enveloppait comme dans une tunique et dont il couvrait son sexe qu'on disait desséché. Il déclarait s'appeler Angelo — nom bizarre pour un citoyen de l'Enfer. Le bruit courait qu'il avait connu Dante qui, disait-on, était lui aussi un habitant de cette cité.

Mais il circulait en Enfer tant de rumeurs aussitôt démenties. Nul ne le savait mieux que Cull, dont le métier consistait à en répandre.

En entrant dans la salle, Cull fut accueilli par un concert de voix et par la sonnerie de centaines de téléphones. Comme il était en retard d'après l'énorme sablier placé près de la porte, il aurait dû se précipiter vers son siège. Mais il leva les yeux vers les visages des occupants de la salle et s'arrêta, horrifié. C'était bien vrai, quoiqu'il se refusât tout d'abord à le croire! Chacun des hommes qui se trouvaient là, à l'exception du Président, était rasé de frais. On ne voyait pas une seule moustache!

Cull se sentit humilié, ridicule et, par surcroît, trahi par ses pairs. Pourquoi aucun de ses prétendus amis ne lui avait-il dit que les moustaches étaient passées de mode? Les beaux amis qu'il avait là! Tout autant que ses ennemis, ils souhaitaient le mettre en mauvaise posture.

Maintenant, non seulement il s'était fait remarquer à cause de son retard, mais il allait se trouver en butte aux moqueries de tous.

Et que faire? Tourner les talons et courir chez lui pour raser cette moustache démodée le mettrait plus en retard encore, et le Président n'aimerait certainement pas cela. D'ailleurs, les autres ne feraient que rire de lui davantage.

La tête basse, les joues en feu, il monta les marches qui séparaient les rangées de sièges et se glissa à sa place, derrière sa table. Son téléphone sonnait comme si la personne qui se trouvait à l'autre bout du fil avait à communiquer des nouvelles d'importance mondiale. Peut-être était-ce le cas.

Cull souleva le récepteur et demanda :

— Qui est à l'appareil? Avez-vous quelque chose d'intéressant à dire?

A l'autre bout du fil, une voix répondit, en jargon hébreu et avec l'accent chantant des Suédois :

— Ici l'Agent Sven Jalmar, parlant du secteur XXB-8N/B.

Cull connaissait par cœur la grande carte située dans la salle voisine. Il savait où se trouvait Sven. Ou à peu près, du moins, car le plan de la cité devait s'être modifié depuis le récent agrandissement dû au séisme. Cull s'était attendu à ce que les lignes téléphoniques fussent coupées à la suite de ce cataclysme, mais les dégâts avaient dû être rapidement réparés.

— Bien sûr que j'ai quelque chose d'intéressant à dire, répondit Sven. Combien peut-il tenir d'anges déchus sur la pointe d'une aiguille?

— Stupide farceur de Scandinave! s'écria Cull. Vous savez bien que nous sommes occupés! Ne téléphonez-vous donc que pour faire passer le temps en racontant des balivernes?

— Le temps? Ici? Il me semble que c'est vous qui plaisantez, Agent Cull! Non, je n'appelle pas uniquement dans le but d'entendre vos injures. J'ai quelque chose d'important à dire. Du moins, je crois que c'est important.

— Vous le croyez? répéta Cull. Il vaudrait mieux vous en assurer! Plutôt que de partir en guerre contre des moulins à vent, je vais vous signaler pour m'avoir fait perdre mon temps!

— Ciel! dit Sven. On emploie des métaphores, par-dessus le marché! Comment s'assurer de quoi que ce soit ici? J'ai dit que je tenais quelque chose d'important, mais je ne peux en apporter la preuve formelle, signée et certifiée. Pour autant que je le sache, ce type pourrait bien être un cinglé. Le Diable sait qu'ils sont légion ici!

— Ce type? répéta Cull. Quel type?

— Il dit qu'il s'appelle Fyodor et se donne le titre de « stupide Slave de Dieu ». C'est un bonhomme chauve comme un œuf mais qui porte une longue barbe. J'ai l'impression qu'il a mené une vie infernale avant même d'avoir quitté la Terre. Mais il vous racontera lui-même ce qu'il a à dire. Il bat un peu la campagne, mais il sait se montrer convaincant comme Satan lui-même. Un instant. Ne raccrochez pas! Je vais le chercher!

Il partit avant que Cull eût le temps de lui crier de ne pas immobiliser la ligne. Le Président le regardait, de ce regard qui lui donnait la chair de poule. Cull comprit alors que Sven devrait leur apprendre quelque chose de vraiment extraordinaire si tous deux ne voulaient pas se retrouver — peut-être au sens propre du terme — sur des charbons ardents. L'Inter employait des moyens terriblement efficaces pour faire régner la discipline et punir les erreurs. Et l'on ne pouvait lui échapper. Nul ne le savait mieux que Cull, qui tant de fois avait dépisté des agents décidés à cesser de travailler pour l'Inter. Une fois entré au service de l'Inter et mis au courant de ses secrets, on ne pouvait plus se dégager. Il n'y avait pas d'issue possible.

Cull tambourina des doigts sur le bureau de pierre devant lequel il était assis et se mordit les lèvres jusqu'à sentir le goût du sang dans sa bouche. Mais il le regretta aussitôt, car cela lui rappelait un châtiment qu'il avait vu infliger à un homme dont le Président était mécontent.

Il transpirait, malgré le courant froid provenant de l'appareil à air conditionné antique et invisible, mais toujours efficace.

Il lui sembla qu'une heure s'était écoulée (et c'était peut-être le cas) avant que la voix de Sven retentît de nouveau à son oreille.

— Désolé de vous avoir fait attendre si longtemps, Cull! Je vous passe Fyodor.

— Ici Fyodor, le stupide Slave de Dieu! dit une voix aiguë. Je vous apporte de bonnes, de grandes nouvelles!

« Encore un cinglé! » pensa Cull.

— Soyez bref, dit-il tout haut. Vous avez déjà

occupé trop longtemps la ligne. Dites-moi simplement l'essentiel. Si j'estime que ce que vous avez à m'apprendre en vaut la peine, vous pourrez entrer dans le détail... Mais n'avez-vous pas déjà appelé? demanda-t-il. Votre voix me semble vaguement familière.

— Jamais, répondit Fyodor. Vous êtes le premier homme du nom de Cull auquel j'adresse la parole.

— C'est bon, dit Cull. Allez-y!

— Ecoutez, reprit Fyodor avec volubilité, vous connaissez sans doute la théorie de la Traduction? La naissance est la traduction d'une langue, la vie, en une autre langue, la vie? Et la mort est aussi une traduction — en au moins deux langues possibles : le Ciel et l'Enfer. Mais il en existe peut-être une troisième, car il ne faut pas oublier les Limbes. Et même une quatrième, si on considère le Purgatoire, bien qu'il n'y ait pas de preuve que le Purgatoire existe.

» D'autre part, il se peut que le monde où nous sommes soit le Purgatoire et non l'Enfer. S'il en est ainsi, nous pouvons conserver l'espérance. Mais si ce monde est le Purgatoire, pourquoi ne nous l'a-t-on pas dit de façon que nous sachions *pourquoi* nous souffrons et ce que nous devons faire pour sortir de ce lieu?

» Le même raisonnement vaut d'ailleurs encore si ce monde est effectivement l'Enfer. Pour quelle raison ne nous a-t-on pas dit *pourquoi* nous étions ici et *où* nous allions — si tant est que nous allions quelque part?

» Bien entendu, vous pourriez me répondre que tout cela était vrai aussi sur Terre. Là-bas, nous ne savions pas non plus d'*où* nous venions, *pourquoi* nous étions là et *où* nous allions. Mais, si vous me tenez ce raisonnement, je vous répondrai que nous avions le moyen de découvrir ce que tant d'entre nous considéraient comme des mystères. L'Eglise nous a enseigné ce qu'il en était, et elle-même tenait ses connaissances, et l'autorité que celles-ci lui conféraient, des Livres Saints qui avaient été, en quelque sorte, dictés par Dieu. Certes, l'Eglise ne pouvait pas nous instruire des détails ni même, dans bien des cas, des données générales. Mais ce qu'elle pouvait nous dire constituait une ancre à laquelle rattacher notre foi, un point auquel cette foi, même si elle était secouée par le vent du doute comme un fil de la Vierge, pouvait...

— Venez-en au fait, interrompit Cull. (Mais il ne put se défendre de poser l'inévitable question :) Pourquoi êtes-vous ici vous-même?

— Je ne sais pas pourquoi... si ceci est effectivement l'Enfer, répondit Fyodor. Car j'étais croyant et je le suis toujours. Certes, je n'étais qu'un misérable pécheur rampant. Un pécheur, oui! Mais je croyais en Lui et je L'aimais. Et j'aimais aussi l'Humanité. Ou Lui en l'Humanité. Et l'Humanité en Lui.

— Peu importent vos difficultés personnelles, coupa Cull. Dites-moi quelque chose qui en vaille la peine!... Ce que nous voulons savoir, poursuivit-il, c'est l'identité de X, le Messie des Ténèbres, le faux Christ.

Fyodor ne reprit pas aussitôt la parole, mais Cull l'entendait respirer bruyamment dans l'appareil.

— Répondez donc! cria-t-il, terrifié parce que le regard du Président se posait de nouveau sur lui. Qu'est-ce qui se passe?

— Peut-être puis-je vous aider, dit enfin Fyodor, mais je dois pour cela faire une petite digression. Ou, plus exactement, un retour en arrière. Le sujet que je dois aborder n'aurait aucun intérêt sans des préliminaires qui doivent lui servir en quelque sorte de fondement. Il faut vous montrer patient. Pourquoi ne le seriez-vous pas, d'ailleurs, puisque nous avons l'éternité...

— Vous peut-être, mais pas moi! répondit Cull, qui sentait la sueur couler de ses aisselles et lui tremper les côtes.

— Vous savez comme une chose avérée, poursuivit Fyodor, que le Christ est descendu en Enfer pendant trois jours, tandis que Son corps restait dans le tombeau. Pendant ces trois jours, il a annoncé le

Dieu vrai et délivré ainsi tous les païens vertueux et les juifs nés avant la venue du Sauveur qui avaient été condamnés aux tourments de l'Enfer jusqu'à ce qu'il vînt les délivrer. Il les a libérés : Son apparition, Sa présence, leur ont permis d'aller au Ciel. Ainsi, Abraham, Moïse, Socrate, Gautama et tant d'autres qui avaient cherché la Vraie Lumière sans pouvoir la découvrir parce qu'Il n'était pas encore venu — tous ceux-là ont cru en Lui et ont ainsi pu franchir les portes de l'Enfer.

— J'ai déjà entendu cela, dit Cull, mais je n'ai jamais trouvé personne qui affirmât avoir vu un de ces pré-Chrétiens quitter effectivement l'Enfer. Qui plus est, personne n'a jamais vu de pré-Chrétien dans la Cité. D'ailleurs, si quelqu'un s'avisait de raconter une chose semblable, son récit ne résisterait pas à un examen scientifique minutieux. Ce sont tous des menteurs. Et Dieu sait pourtant que j'ai parlé à beaucoup de gens, que j'ai parcouru, les pieds endoloris, des milliers de kilomètres, rencontré et interrogé des milliers d'hommes et de femmes qui se trouvaient ici quand le Christ — ou celui qui se prétendait tel — est venu en ce lieu.

— Mais en est-Il reparti? cria Fyodor de sa voix aiguë. L'a-t-il quitté, ce lieu?

— Que diable voulez-vous dire?

— Supposons qu'il y ait eu un homme qui se soit repenti de ses péchés, mais trop tard. Et qu'il ait entendu dire par les anges déchus que le Christ viendrait ici et y resterait trois jours. Et que cet homme ait affecté de se distinguer parmi les professionnels du mal : les démons. (Rappelez-vous que cela se passait à l'époque où les démons dépassaient les hommes en nombre.) Et que cet homme ait connu l'honneur — ou le déshonneur — d'être introduit parmi les démons, événement qui causa une grande joie en Enfer?

» Le Christ, donc, descendit en Enfer et fut capturé et emprisonné, par des moyens que nous ne pouvons imaginer mais dont il nous est permis de supposer qu'ils étaient accessibles aux démons. Bien entendu, ceux-ci ne pouvaient L'emprisonner sans son consentement. Mais Il le leur donna implicitement, pour des raisons connues de Lui seul.

» Et le Mauvais Homme — cet humain devenu démon — fut choisi pour jouer le rôle du Christ revenu sur Terre. Mais, une fois remonté de l'Enfer, « reterrestrialisé » si l'on peut dire, il joua double jeu. Il trahit l'Enfer, cette fois-ci, en refusant de mettre à exécution les plans infernaux. Et il lui fut permis, en récompense, de remonter effectivement au Ciel. Tandis que le véritable Christ, dans l'intérêt d'une seule âme crue perdue à jamais, demeura joyeusement dans sa prison, en Enfer.

» Ou, sinon en prison, du moins dans les limites de l'Enfer. Et il devint X, le Messie des Ténèbres, le faux Sauveur.

» Rappelez-vous que l'homme qui est sorti du tombeau, dans le jardin, ne permit pas à Marie de le toucher — *Noli me tangere!* Car il était encore à l'état de démon. Au contact de la main de Marie, sa tunique n'aurait pas dégagé la flamme d'une vertu fortifiante, mais l'éclair brûlant du vice. Thomas l'incrédule ne fut pas anéanti, lui, car les puissances — ou la Puissance — d'en haut avaient dès lors décidé de ce qu'elles feraient du faux Christ. Et elles avaient transformé de mauvais en bon le terrible pouvoir dont étaient investies sa tunique et sa chair.

» Bien entendu, tout cela ne constitue qu'une hypothèse. Il se peut que le faux Christ ait commis une faute en décidant de faire le mal en Enfer afin de faire le bien sur la Terre et au Ciel. Peut-être s'est-il rendu compte que la fin ne justifie pas les moyens, que le mal fait en Enfer — même à des pécheurs condamnés de toute façon à souffrir éternellement — est toujours le mal. Peut-être, s'il lui avait été permis de s'échapper pour un court laps de temps, était-ce seulement pour rendre son châtiment plus sévère encore.

» En ce cas, il aurait été ramené en Enfer après avoir goûté de la Terre. Et l'Ascension aurait été une pieuse supercherie, pendant laquelle les Apôtres le croyaient remonté au Ciel, alors que lui, l'homme qui s'était évadé de l'Enfer, y était en réalité redescendu. En somme il s'agit là, pourrait-on dire, d'une théorie de la relativité Ciel-Terre-Enfer.

« Oh! mon Dieu! se dit Cull. J'ai perdu tout ce temps avec un cinglé! »

Puis une autre pensée lui vint : « Mais pas du tout! C'est merveilleux, au contraire! »

Merveilleux, non pas à cause des deux questions que Cull avait posées à Fyodor, mais bien à cause de la troisième qu'il avait gardée pour lui.

— Ne quittez pas, dit-il. Je vais momentanément interrompre la communication, mais ne raccrochez pas.

Il posa le récepteur et appuya sur un bouton placé à la partie inférieure de l'appareil, ce qui le mit en contact avec Stengarius, l'un des hommes assis à la table au-dessous de l'estrade. Il lui fit un résumé de ce qu'avait raconté Fyodor, puis, comme Stengarius était intéressé, il lui donna tous les détails.

— Croyez-vous que le Président appréciera? demanda-t-il. Pour ma part, je vois au moins quatre filons à exploiter dans le boniment de Fyodor. Et Dieu sait ce qu'on peut encore en tirer.

— C'est vrai, Cull, répondit Stengarius, mais c'est à lui qu'il appartient d'en décider.

Stengarius interrompit sa conversation avec Cull pour appeler le Président. Cet appel devait passer par le Secrétaire du Président, qui était assis sur une chaise de basalte taillée à même les marches de l'estrade. Cull le regarda prendre l'appareil pour répondre à Stengarius, puis poser le récepteur et appeler le Président.

Le vieillard gardait l'appareil caché sous sa barbe. Il tendit la main à travers la masse de poils blancs et attira le téléphone à lui. Pendant un long moment, il écouta sans mot dire, ou du moins sans remuer les lèvres, ce que lui disait Stengarius. Puis, tout à coup, les très longs poils qui surmontaient sa lèvre supérieure s'écartèrent légèrement et un orifice noir apparut au-dessous. Il tourna vers Cull son visage au nez recourbé comme un cimeterre, et ses yeux noirs se fixèrent sur lui. Cull savait que les yeux des hommes ne brillent pas, ainsi que ceux des chats, quand la lumière s'y reflète, mais il aurait juré avoir vu briller ceux du vieillard — peut-être sous l'effet de la terreur qui se reflétait dans son regard à lui, Cull?

Le Président parla à Stengarius, et ce dernier regarda Cull en joignant le pouce et l'index en forme de O.

Cull sourit. Si l'histoire prenait, il pourrait peut-être obtenir de l'avancement, se retrouver assis sur un des sièges de la rangée du bas, arriver — qui sait? — au Secrétariat, sinon même à la Présidence. Il y avait de très longues années que le Président occupait sa fonction.

La voix de Fyodor le tira de ses rêves.

— Mr Cull, disait-elle, je n'ai pas terminé; j'en suis même loin.

Soudain, Cull comprit pourquoi cette voix lui avait paru familière au premier abord. Bien sûr! C'était cela! Il l'avait entendue peu auparavant, dans son appartement, au moment de raccrocher son récepteur après le départ du Dr B.O.

— Au fond, dans les égouts! dit-il à l'appareil.

A l'autre bout du fil, il entendit le bruit d'une respiration courte, suivi d'un silence; puis quelques mots balbutiés dans une langue slave qui devait être du russe. Fyodor devait vraiment être bouleversé pour s'être remis à parler dans sa langue maternelle. Enfin il demanda en hébreu :

— Que voulez-vous dire?

— Mon téléphone est resté branché par hasard sur une autre ligne au début de la journée, expliqua Cull. J'ai entendu votre voix prononcer ces mots. Mais, dites-moi, vous n'appartenez pas à l'Inter? Que faisiez-vous donc au téléphone?

Il ne dit pas qu'il n'avait entendu que la fin de la conversation et la seule voix de Fyodor. Peut-être la terreur pousserait-elle celui-ci à dire ce que Cull ne savait pas encore. Le vent de la culpabilité faisant tomber de l'arbre les pommes pourries...

— Mr Cull, reprit Fyodor, je ne sais pas ce que vous avez entendu de cette conversation. Ni de quel côté vous êtes.

Il ne précisa pas pour quelle raison il s'était servi du téléphone.

— De quel côté je suis? répéta Cull. Mais du côté des humains, bien sûr! Vous ne me prenez pas pour un renégat, j'espère? Je ne voudrais pour rien au monde travailler pour les Autorités!

— Je ne veux rien dire de plus au téléphone, poursuivit Fyodor avec agitation. Je n'y avais jamais pensé jusqu'à présent, mais il me vient à l'idée que les Autorités pourraient surveiller la ligne.

— Si c'est le cas, elles n'en ont jamais rien laissé paraître, répondit Cull. L'Inter fonctionne depuis longtemps et elles ne sont jamais intervenues en quoi que ce soit. Ou du moins leur intervention, si elle avait lieu, se manifestait de façon indirecte.

De nouveau, il sentit la sueur l'inonder. De temps à autre, des hommes disparaissaient. Peut-être les Autorités, que nul n'avait jamais vues mais qui devaient forcément exister...

— Vous savez où je suis, dit Fyodor. Je vous attendrai sur place.

Il y eut un déclic dans l'appareil.

Cull n'essaya pas de rappeler Sven. Il préférait se rendre directement à l'endroit que celui-ci lui avait indiqué, et où se trouvait également Fyodor. Il devait demander la permission de partir. Mais lorsqu'il eut expliqué que ce Fyodor était peut-être une mine d'or, on lui donna le feu vert pour poursuivre son enquête et découvrir ce qui se passait.

— Si vous dénichez vraiment quelque chose qui soit utile à l'Inter, vous deviendrez un grand homme dans l'organisation, lui dit Stengarius. Un homme plus important, en tout cas, que vous ne l'êtes actuellement. Mais un conseil : n'essayez pas de voler trop haut; vous vous feriez rogner les ailes avant d'avoir eu le temps d'apercevoir les ciseaux... Je me chargerais bien moi-même de cette affaire mais je suis trop occupé en ce moment.

Ce qui, en d'autres termes, signifiait qu'il n'osait partir de crainte de voir ses collègues intriguer pour prendre sa place. Lorsqu'on était parvenu au poste de Premier Téléphoniste, on devenait prisonnier de son travail et on ne pouvait courir le risque de quitter son poste. Mais il y avait des compensations.

L'une de ces compensations était Phyllis Nilstrom. Celle-ci, debout dans le vestibule, était en conversation avec Robertson, Premier Téléphoniste de la Seconde Equipe, lorsque Cull quitta le rez-de-chaussée de l'Inter. Phyllis était une très belle jeune femme de taille moyenne. Ses cheveux blond cendré étaient rejetés en arrière sur son front haut et noués par un large ruban. Elle avait de longues jambes minces, des fesses rondes et fermes, la taille fine, le ventre plat, les seins renflés et pleins, mais sans vulgarité. Elle parlait d'une voix légèrement enrouée.

Cull la détestait.

Peu de temps après son entrée à l'Inter, il avait été invité à une réception offerte par Cardinal, le Chef Téléphoniste du secteur XXB-1A/A. Cardinal l'avait présenté à Phyllis, en l'avertissant qu'il pourrait lui serrer la main mais que ce devrait être là le contact le plus intime qu'il pût avoir avec elle. Cull avait ri, comme il se devait, mais, pendant tout le reste de la soirée, il n'avait pu détourner son regard de Phyllis. Il la désirait comme il n'avait jamais désiré aucune autre femme. Mais, comme il n'était pas fou, il n'en avait rien laissé paraître. Chaque fois qu'il en avait eu l'occasion par la suite, il s'était arrangé pour parler avec la jeune femme dans le vestibule ou pour la voir à des réceptions. Il avait même fait en sorte de la rencontrer « par hasard ». Puis, parvenu au poste de Chef Téléphoniste pour le secteur XXB-8N/B, il s'était vu en mesure d'offrir à la jeune femme une position équivalente à celle qu'elle trouvait auprès de Cardinal, et il avait alors rassemblé tout son courage pour lui dire qu'il l'aimait. Le fait de connaître les relations qui, à l'époque, existaient entre elle et Cardinal l'avait aidé à s'enhardir, car il savait que tous deux étaient malheureux ensemble.

A sa grande surprise et pour sa plus grande joie, Phyllis avait répondu à ses avances. Elle serait — avait-elle dit — ravie de s'installer chez lui, à condition qu'il se produisît un fait quelconque qui amenât la rétrogradation de Cardinal. Celui-ci, en effet, était encore un personnage influent. En le quittant pour Cull, Phyllis risquait de finir assassinée et jetée dans les égouts par les agents de son ancien amant. Cull n'était pas suffisamment puissant pour pouvoir la protéger.

A quelque temps de là, Zabbini, Téléphoniste d'un des secteurs de moindre importance, avait été surpris par deux gardes du corps de Cardinal dans l'appartement de ce dernier. Après l'avoir tué, les deux gardes du corps s'étaient mis à la recherche de leur patron. Ne le trouvant pas chez lui, bien qu'ils fussent certains de ne pas l'avoir vu sortir, ils avaient regardé par la fenêtre. La vue de la foule rassemblée autour d'un cadavre leur avait fait comprendre ce qui s'était passé : Zabbini avait défenestré Cardinal.

En rentrant chez elle, un peu plus tard, Phyllis avait manifesté beaucoup de surprise mais peu de chagrin. L'enquête menée par le Premier Détective de l'Inter avait fait apparaître que la jeune femme n'était en aucune façon responsable de cette mort. Zabbini, qui était amoureux d'elle, avait tué Cardinal dans l'espoir de faire de Phyllis sa maîtresse.

Cull avait été un peu choqué par le résultat de l'enquête. Il ne doutait guère que Phyllis eût encouragé Zabbini à tuer Cardinal pour se débarrasser de ce dernier et pouvoir devenir sa maîtresse à lui, Cull.

Mais il avait oublié ses soupçons dès la première nuit qu'il avait passée avec elle. Phyllis était la femme la plus passionnée qu'il eût jamais connue.

Du moins il l'avait cru jusqu'au jour où elle l'avait quitté pour Stengarius, le Premier Téléphoniste. Cull avait fait une scène terrible à la jeune femme, la traitant de tous les noms possibles et imaginables en hébreu, en anglais et en langage de démon. Phyllis lui avait alors déclaré qu'elle était frigide et devait prendre sur elle pour permettre à un homme de la toucher. Mais elle désirait profiter des plaisirs de la vie, suivant ses propres termes, et y parvenait facilement en provoquant les hommes et en feignant la passion.

Cull l'avait menacée de raconter à Stengarius ce qu'elle lui avait dit. Elle s'était contentée de rire en répondant que, s'il mettait sa menace à exécution, elle dirait à Stengarius qu'il avait inventé cette histoire dans le but de la reprendre. Combien de temps Cull resterait-il en vie après cela?...

Au moment où il passait dans le vestibule, elle lui adressa la parole.

— Comment ça va? dit simplement Cull en s'apprêtant à poursuivre sa route.

— Très bien, répondit-elle avec un beau sourire, en exhibant ses dents très blanches. (Et elle ajouta :) Il faut que je te parle.

Robertson, qui paraissait gêné, jeta un coup d'œil vers Cull.

— A bientôt, Phyllis, dit-il avant de s'éclipser.

— Moins tôt qu'il ne croit, fit-elle quand ils furent seuls. (Et elle posa sa main sur le bras de Cull :) Je crois comprendre que tu vas partir pour un très long voyage.

Cull tremblait au contact de sa main et se sentait malade de désir pour elle. Il la haïssait mais il voulait la reprendre.

— C'est... c'est un... v... voyage d'affaires, dit-il, furieux de se voir trahi par son bégaiement.

Elle sourit avec froideur et répondit :

— Ne sois pas si nerveux! Stengarius sait que je vais te parler. Il ne pensera pas à mal. Inutile de t'inquiéter : je l'ai convaincu que tout était fini entre toi et moi.

— Je ne me fais pas de souci à son sujet, riposta Cull, en espérant que le son de sa voix ne paraîtrait pas aussi sourd à Phyllis qu'à lui-même.

— J'en suis sûre, répondit-elle, quoique son sourire laissât clairement entendre qu'elle le jugeait fou de terreur.

— Sacrebleu, non! Je ne m'en fais pas! dit Cull avec rudesse.

— Je ne t'ai pas arrêté pour discuter avec toi de ton degré de frayeur. Voici les faits : le Président veut m'envoyer dans le même secteur que toi. Tu devras être mon garde du corps. Ou plutôt... (Sa lèvre se plissa en un sourire déplaisant :) mon chien de garde. Stengarius ne voulait pas me voir partir, mais le Président m'en a donné l'ordre. Aussi Stengarius a-t-il dû avaler la pilule; mais il est en train d'essayer de la dorer un peu. C'est toi qui serviras de dorure.

— Que veux-tu dire? demanda Cull.

— Je veux dire, reprit-elle, qu'il m'estime parfaitement en sécurité avec toi. Il sait que tu creuses ton trou avec l'ardeur d'un castor et que tu ne risquerais pas de compromettre tes chances d'avancement. Il est donc certain que tu n'aurais pas l'audace de chercher à me séduire.

Cull sentit le rouge lui monter au visage. Il s'efforça de rire mais n'y parvint pas.

— Peut-être, continua Phyllis, le mot castor n'est-il pas un bon terme de comparaison. Chacal serait sans doute le plus approprié. Jack Cull, chacal parmi les lions.

Cull ne comprit pas aussitôt. Sa mémoire était confuse : qu'était-ce qu'un lion? Et qu'un chacal? Mais des images de bêtes fauves lui revinrent à l'esprit. Elles étaient vagues, brouillées, mais pas au point de l'empêcher de sentir la pointe mordante de cette métaphore.

« Espèce de garce frigide! » pensa-t-il.

Il avait réussi à se composer un visage mais il savait bien que sa rougeur dénonçait sa colère intérieure.

— Eh bien, Jack Cull, partons-nous? demanda Phyllis.

Elle fit signe à un domestique de prendre sa serviette de cuir et, suivie des deux hommes, elle quitta l'Inter.

Un palanquin attendait dehors entre quatre porteurs. Il était constitué d'os habilement emboîtés les uns dans les autres et recouverts de peau. Les quatre hommes, en voyant arriver Phyllis, soulevèrent le palanquin. Le domestique y déposa la serviette de cuir. Phyllis y grimpa et s'assit, bien droite, le dos soutenu par un amas de coussins de peau rembourrés avec des feuilles d'arbres de roc.

— Partons, dit-elle.

Le domestique se mit à trotter en avant du palanquin en criant :

— Place à l'Inter! Faites place à la dame de l'Inter!

La foule qui encombrait la rue se dispersa pour laisser libre passage au palanquin. Pour ces gens, la vue du récepteur téléphonique que le domestique agitait dans sa main était un signe suffisant. Il ne faisait pas bon plaisanter avec l'Inter.

Cull devait prendre un autre moyen de transport. En d'autres circonstances, il en aurait été fier. Pour la première fois, il se voyait confier une mission assez importante pour qu'on lui remît un billet pour l'express humain.

Mais, en ce moment, son regard ne brillait que de convoitise. Etre transporté à dos d'homme alors que cette catin voyagerait en palanquin équivalait à recevoir un soufflet en pleine face.

Cull sauta sur le dos du premier « poney », un grand nègre aux longues jambes musclées. Il entoura la taille de l'homme de ses jambes et les épaules de ses deux mains. Le nègre croisa les mains sous les jambes de Cull pour le soutenir et se mit à courir à toute vitesse.

Il courut pendant environ huit cents mètres, très vite pendant la première partie du parcours, puis en ralentissant peu à peu son allure. Lorsqu'ils rejoignirent le « poney » suivant, il soufflait comme une machine à vapeur. Après avoir fait descendre Cull de son dos, il tomba sur le sol. Il avait donné son maximum.

Cull sauta sur le dos de sa nouvelle monture, un homme petit mais musclé, et celui-là aussi se mit à courir aussi vite qu'il le put, jusqu'au moment où ses jambes parurent se dérober sous lui. Alors il s'arrêta court, laissa retomber ses bras le long de son corps et fit glisser Cull de son dos. Le trajet se poursuivit ainsi, un kilomètre après l'autre, tandis que les gens s'écartaient pour faire place au cavalier et à sa monture, et Cull passait d'un dos d'homme à l'autre en longeant les édifices de granit surmontés de gargouilles.

Bien avant d'avoir atteint le terme du parcours, Cull avait décidé que, prestige ou pas, c'était là un moyen de voyager infernal. C'était certes très dur pour les coursiers humains, auxquels il arrivait fréquemment de s'effondrer après avoir posé leur fardeau à terre. Mais ils étaient en bonne condition physique et se remettraient rapidement. Cull, lui, n'était pas en bon état et il avait un long trajet à effectuer. Quand il arriverait à destination, il serait raide et endolori au point que ses muscles craqueraient. La peau, sur la surface interne de ses cuisses, à l'endroit où celles-ci frottaient contre les flancs des porteurs, était brûlante. Et il avait le mal de mer, ou le mal de balançoire, comme on voudra. A trois reprises, il dut faire arrêter ses « poneys » pour restituer sa soupe et son pain. Et le soleil s'obscurcit soudain, comme cela se produisait toutes les douze heures d'après le sablier. Il ne faisait pas vraiment noir, mais le soleil se transformait en une sphère qui luisait faiblement, comme une sorte de lune. Pendant toute la nuit, Cull poursuivit sa route à dos d'homme, se cramponnant à sa monture, les jambes brûlantes, l'estomac oscillant comme un pendule. La nuit s'écoula et, tout à coup, le soleil se remit à briller : il n'y avait ici ni aube ni ténèbres.

Cull voyagea pendant toute la journée suivante, ne s'arrêtant qu'une seule fois pour manger et devant même y renoncer tant il était fatigué. Au moment où il portait à sa bouche la cuiller de pierre, il s'endormit. Son « poney » le réveilla aussitôt en lui disant qu'il fallait repartir. C'étaient les ordres. Cull se rendit compte alors que, lorsqu'on était fatigué, on pouvait dormir dans n'importe quelle position ou presque.

Mais quel sommeil! Il montait, tout somnolent, sur le dos de son « poney » et, bercé par les cahots, sombrait dans l'inconscience. L'ennui était que ce sommeil ne durait que quelques minutes. Quand sa monture atteignait le terme du parcours qui lui était fixé, elle le lâchait. Cull glissait de son dos, tombait brutalement sur la pierre et se réveillait en sursaut. Avant d'avoir eu le temps de se remettre de cette secousse, il devait se faire aider pour monter sur le dos du « poney » suivant. Son cœur battant à coups redoublés et ses glandes surrénales surmenées le tenaient éveillé pendant dix ou quinze secondes. Puis il retombait dans l'inconscience, pour être de nouveau arraché à cette bienfaisante insensibilité par un nouveau choc douloureux au moment où son « poney » le lâchait.

Et toutes ses plaintes restaient inutiles. Le porteur répliquait qu'il n'était nullement obligé de déposer doucement son cavalier à terre, ni de le dorloter afin qu'il ne se rendît pas compte qu'il passait du dos d'un « poney » à l'autre. Les porteurs n'avaient pas reçu d'instructions à cet effet. Il devint vite évident pour Cull que chacune de ses montures détestait la tâche qui lui était assignée et la considérait comme dégradante. Les seules raisons pour lesquelles les porteurs avaient loué leurs services étaient : premièrement, que le travail étant chose rare, il fallait bien accepter celui qui se présentait; et deuxièmement, que ce travail était un moyen d'entrer en contact avec l'Inter et peut-être de s'y faire enrôler.

Mais Cull était fatigué, malade, et il estimait que sa position sociale était maintenant suffisamment élevée pour lui valoir certains privilèges. C'est pourquoi, lorsque sa monture l'arrêta à proximité d'un téléphone, il appela Stengarius. Il se plaignit amèrement, énumérant ses griefs : la façon brutale dont ses porteurs le déposaient à terre et les blessures qui en résultaient : écorchures aux coudes, aux genoux, au nez, brûlures des cuisses... Un homme de sa condition n'aurait pas dû avoir à supporter de pareils affronts. En traitant Cull aussi cavalièrement, les porteurs ne faisaient qu'exprimer leur mépris envers l'Inter...

Ce dernier argument convainquit Stengarius. Il appela l'inspecteur local pour lui donner des instructions. L'inspecteur approuva et téléphona aussitôt à ses divers collègues. Dès lors, les « poneys » firent glisser Cull à terre avec douceur et le hissèrent de même.

Cull se demanda alors pourquoi il n'aurait pas droit, comme Phyllis, à un palanquin. Il pourrait dormir tout au long du voyage, étendu sur des coussins moelleux.

Lors d'un autre arrêt, il téléphona de nouveau à Stengarius. Mais ce dernier éclata en reproches :

— Qui diable vous croyez-vous? demanda-t-il d'un ton furieux. Seul un Premier Téléphoniste occupe un rang suffisamment élevé pour avoir droit à un palanquin! Et vous en êtes encore très loin, Cull! Remontez en selle et continuez votre route, sacrebleu! Vous gaspillez le temps de l'Inter. Et dites-vous bien que cette requête intempestive sera retenue contre vous lors de notre prochain conseil en vue de l'examen des mérites.

— Bien, monsieur, répondit Cull d'un ton humble, sans oser faire remarquer à son interlocuteur que la maîtresse du Premier Téléphoniste voyageait en palanquin.

Il remonta sur le dos de ses « poneys » successifs. Il avait atteint un degré de fatigue tel qu'il ne se réveillait même plus au cours des changements de monture. Jusqu'où alla-t-il dans ces conditions? Il ne s'en rendit pas compte. Mais il fut réveillé soudain par une secousse et vit, penché sur lui, le gros visage rougeaud de Sven, à la lèvre ornée d'une épaisse moustache rousse.

— C'est dur, hein? dit Sven en grimaçant un sourire. Vous pensez que ça valait le voyage?

— Je l'espère bien, répondit Cull en se mettant

debout péniblement. Vous avez quelque chose à boire?

— Fyodor nous attend au café, dit Sven. Venez.

Ils avaient à peine fait six pas quand le séisme se produisit. La dalle de pierre trembla sous leurs pieds. Un grondement sourd se fit entendre quelques secondes plus tard. Des deux côtés de la rue, les bâtiments se mirent à osciller sur leurs bases.

Cull se jeta sur le sol. Il avait les yeux fermés et priait pour que les édifices ne s'écroulent pas. Bien qu'ils fussent de construction très solide, le fait s'était déjà produit.

Il se demanda s'il avait raison de prier pour avoir la vie sauve. La mort aurait constitué une évasion bienfaisante, quoique temporaire. Naturellement, il se réveillerait de nouveau pour se retrouver au même endroit. A moins qu'il ne revienne à la vie en un lieu lointain et ne se voie privé de son travail à l'Inter. Etant donné les intrigues qui se tramaient au sein de l'organisation, une absence de vingt-quatre heures risquait de valoir son congé à un employé. Ou plus exactement de lui faire perdre son rang d'ancienneté.

La secousse et le grondement ne durèrent guère plus de trente secondes. Puis ce fut le silence. Tout à leur soulagement, les gens en oubliaient de parler. Ou bien peut-être craignaient-ils que la vibration de leur voix ne risque de faire basculer un bloc de pierre en équilibre instable.

Cull se leva et regarda autour de lui. Il n'y avait pas trop de dégâts. Çà et là, sur les façades des édifices, un bloc de granit ébranlé était en suspens au-dessus de la rue. Dans un accès de frayeur, une femme avait sauté par la fenêtre et s'était écrasée sur le sol. Quelques dalles sorties de terre avaient l'aspect de portes de tombeaux entrouvertes. Des lignes téléphoniques étaient tombées et pendaient le long des gargouilles ornant les édifices sur lesquels elles avaient été fixées.

A voix basse, Sven demanda :

— Avez-vous remarqué que les secousses devenaient plus fréquentes depuis quelque temps? Peut-être ce que ce démon m'a dit est-il vrai.

— Quel démon? demanda Cull.

— Vous savez combien ils sont menteurs. Mais il leur arrive parfois de dire la vérité, ne serait-ce que pour faire croire à un mensonge. Toujours est-il que ce démon prétend que la Terre est dans les affres d'une guerre atomique. L'immigration ici est à ce point importante qu'il semble que presque toute la population soit en train de mourir. Il est impossible de déterminer à quel moment les événements se produisent sur Terre, car les chronologies terrestre et infernale ne concordent pas.

— Oui, approuva Cull, si ce qu'on dit est vrai, il y a un décalage. J'ai rencontré autrefois un vieux bonhomme qui m'a dit savoir avec certitude que les gens qui étaient morts dans la deuxième moitié du XVIe siècle avaient fait leur entrée ici avant ceux qui étaient morts dans la première moitié du même millième siècle. Comment expliquez-vous cela?

— Qui diable le sait! répondit Sven dont le visage devint encore plus rouge. Il se passe ici des choses tout aussi obscures, déconcertantes et troublantes que sur la Terre. Je crois que d'être laissés ainsi dans l'incertitude et l'insécurité fait partie de notre châtiment. Si seulement nous savions! Mais nous ne savons pas! Nous ne saurons jamais!

— Vaudrait-il mieux ne pas être né, ne jamais avoir existé? demanda Cull. Parfois, souvent même, je le pense. Mais, malgré toutes les peines, les frustrations, les humiliations, les angoisses et les souffrances que nous avons endurées sur la Terre et que nous continuons à endurer ici, nous avons tout de même la faculté de rire à l'occasion. Nous sommes des êtres conscients, et non des zéros flottant dans le vide.

— Vous ne croyez pas ce que vous dites là! protesta Sven.

Ils durent baisser le ton pendant un moment. Un nuage de manne s'était formé depuis quelque temps au-dessus de la zone où ils se trouvaient, et des filaments commençaient à en tomber. Ils voltigeaient dans l'air, tandis que les gens couraient au-dessous d'eux. Un flocon tomba à moins de vingt mètres de Cull et de son compagnon. Ils regardèrent l'attroupement qui se formait aussitôt autour pour arracher des morceaux de la substance grisâtre, pareille à de la pâte à gaufres, qui le constituait. Dès que quelqu'un s'était emparé d'une poignée, il s'enfuyait. Certains disparaissaient avec leur butin. D'autres devaient le laisser tomber à terre et s'enfuir s'ils avaient été repérés par les ramasseurs officiels du lieu. Dans chaque quartier, il y avait des ramasseurs officiels, sans quoi ç'eût été la pagaille : certains auraient pris plus que leur part de manne, d'autres seraient restés sur leur faim jusqu'à la venue du prochain nuage.

« Quelle infernale manière d'approvisionner un monde en nourriture! » pensa Cull. Il se demanda de nouveau, pour la dixième fois peut-être, comment se formaient les nuages de manne et quelle était leur composition chimique. Il se félicitait de travailler pour l'Inter et de ne pas avoir à dépendre des pourvoyeurs de quartier pour se nourrir. On avait parfois affaire à des contrôleurs vicieux, qui exigeaient, en échange d'une ration supplémentaire, des services d'un genre particulier. Cull le savait bien : un jour où il était affamé, il avait cédé à certaines demandes qui lui avaient été faites. Cela se passait avant qu'il eût acquis assez de bon sens pour entrer au service de l'Inter.

Il en était à ce point de ses réflexions lorsque son compagnon et lui arrivèrent devant un café en bordure de trottoir, comme on en trouvait un peu partout dans la cité. Sous l'effet de la secousse tellurique, quelques tables de pierre s'étaient renversées, mais on était en train de les relever. Le démon qui faisait office de serveur apportait aux clients du jus d'arbre de roc. Sven s'arrêta près de l'une des tables rondes soutenues par un unique pied, autour de laquelle cinq hommes étaient assis. L'un d'eux se leva pour accueillir les nouveaux arrivants et Cull, à sa voix, reconnut Fyodor.

Fyodor était un homme trapu, au crâne rond et chauve, portant une barbe grisâtre et hirsute qui lui tombait jusqu'au ventre. Il avait le front haut, les sourcils en broussaille, de petits yeux bleus surmontant un nez en boule, les pommettes hautes et saillantes, les lèvres rouges et charnues. Ses tempes étaient profondément creusées. Ses yeux cernés, sous lesquels de grosses poches s'étaient formées, semblaient indiquer qu'il dormait peu et d'un sommeil agité.

— Ah! Mr Cull! dit-il d'une voix aiguë en serrant la main de Cull dans sa patte potelée. Asseyez-vous et prenez une tasse de café avec moi.

— Je préférerais vous parler en particulier, répondit Cull en regardant les hommes assis autour de la table.

Au même moment ils entendirent le mugissement d'une sirène dans le lointain et comprirent que les Autorités venaient ramasser la femme tombée par la fenêtre.

— Appelez l'Inter au téléphone, dit Cull à Sven. Si X se présente, nous pourrons les en avertir aussitôt.

— Pour quelle raison voulez-vous que Sven les avertisse? demanda Fyodor.

— Cela ne vous regarde pas, répondit Cull, mais je vais vous le dire tout de même. Chaque fois que X risque d'apparaître, nous délaissons toute autre tâche pour mettre en circuit toutes les lignes téléphoniques. Nous cherchons à savoir si X est oui ou non une seule personne. S'il apparaissait simultanément en deux ou trois endroits de la cité, nous le saurions aussitôt grâce aux rapports qui seraient faits par téléphone.

— C'est très habile, remarqua Fyodor. Et quel résultat avez-vous obtenu jusqu'à présent?

— Jusqu'à présent, il ne s'est montré qu'à un seul endroit à la fois, répondit Cull avec amertume. Mais très souvent, il lui arrive de venir ramasser un cadavre dans un quartier de la ville et ensuite, très peu de temps après, de se trouver dans un autre quartier qui peut être distant du premier de cent cinquante kilomètres. Il est difficile de déterminer s'il y a simultanéité, par suite de l'absence d'horloges précises. Comment synchroniser deux sabliers qui se trouvent en des lieux très éloignés l'un de l'autre, alors qu'il suffit d'une petite différence dans le degré d'humidité ou la grosseur des grains de sable pour qu'il se produise un décalage entre eux? Et on ne peut utiliser de cadran solaire quand le soleil reste toujours à la même place dans le ciel.

— Si X apparaissait en deux endroits différents au moment précis où le soleil s'éteint ou à celui où il recommence à briller, alors vous sauriez avec certitude, dit Fyodor.

— Vous parlez d'or, répondit Cull. J'appellerai moi-même l'Inter, ajouta-t-il en se tournant vers Sven.

Car il voulait faire part à Stengarius de l'idée de Fyodor et s'en attribuer le mérite. Mais il raccrocha avant d'avoir obtenu la communication, car une nouvelle pensée lui venait à l'esprit. Les chances de voir apparaître X en plus d'un endroit à la fois, exactement au moment où le soleil s'éteignait ou, au contraire, brillait de nouveau, étaient très faibles. Et, pour être sûr de recevoir les rapports en temps voulu, l'Inter devrait accaparer les lignes téléphoniques chaque fois que le soleil s'obscurcirait ou se remettrait à briller. Ce serait là une opération à la fois onéreuse et exaspérante. Et, si le résultat était négatif, ce serait sur Cull, instigateur du projet, que retomberait le blâme.

Les sirènes mugissaient plus fort et l'ambulance tournait le coin de la rue à toute vitesse. Dans un crissement de pneus, les roues se bloquèrent et la voiture s'immobilisa à quelques pas de la morte. Le désaxé qui s'était vautré sur elle sauta sur ses pieds et s'enfuit en tenant ses mains sanglantes levées au-dessus de sa tête. Il riait d'un rire si aigu qu'on eût dit un cri. Les spectateurs, selon leur tempérament, se moquaient de lui ou lui criaient des injures. Cull savait que le vilain personnage n'irait pas loin : il avait certainement été repéré par des agents de l'Inter qui s'empareraient de lui. L'Inter ne tolérait de perversion d'aucune sorte, qu'elle fût nuisible ou non. Mais il ne faisait pas tuer ceux qui s'en rendaient coupables, car la mort les aurait mis hors d'atteinte.

C'est pourquoi l'Inter les faisait châtrer, leur faisait couper la langue et les faisait amputer de l'extrémité des quatre membres, les mettant ainsi dans l'impossibilité de nuire à autrui ou à eux-mêmes. On ne les mettait pas non plus dans une petite voiture pour les laisser solliciter la charité publique. Non : l'Inter les prenait en charge, les maintenait en vie, assurait leur subsistance et leur entretien corporel, et leur fournissait même, de temps en temps, du café et des cigarettes. Le citoyen moyen aurait été surpris d'apprendre qu'il existait dans la cité un grand nombre d'hommes et de femmes privés de langue, de sexe, de mains et de pieds, qu'on tenait cachés à la vue du public. S'il l'avait su, il aurait éprouvé plus d'admiration encore pour la façon dont l'Inter faisait respecter l'ordre et la décence.

Les portes de l'ambulance coulissèrent et trois hommes descendirent de la cabine du chauffeur. Deux d'entre eux — le conducteur et son assistant — étaient vêtus d'uniformes écarlates garnis de galons d'or et de gros boutons noirs brillants, et portaient sur la tête un shako de fourrure. A cet uniforme on reconnaissait les fonctionnaires au service des Autorités, car personne d'autre ne pouvait se procurer ce genre de vêtements. Le troisième homme, incontestablement, n'était autre que X. Il était vêtu de la tunique blanche dans laquelle on avait coutume de Le représenter — à supposer que ce fût effectivement Lui — sur les portraits qu'on faisait de Lui sur Terre. Il avait de longs cheveux d'un blond roux et sa barbe, de même couleur, lui tombait jusque sur la poitrine. Ses jambes musclées et bien formées étaient nues, et il portait des sandales. Son visage était celui que la plupart des gens attribuent au Christ. Mais — note discordante — il portait des lunettes noires. Nul, pour autant que l'Inter pût le savoir, ne l'avait jamais vu sans ces verres qui dissimulaient ses yeux. Et cela rendait fous les agents de l'Inter. Pourquoi X portait-il des lunettes noires?

Autre mystère : pourquoi se donnait-Il — ou il — la peine de se montrer? Il ne ressuscitait jamais personne en public et n'accomplissait aucun miracle. Il ne faisait que veiller à ce que le cadavre fût placé dans l'ambulance. Parfois il faisait un bref discours, toujours le même. Ce fut le cas ce jour-là : lorsque le cadavre de la femme eut été mis dans l'ambulance, X prit la parole, en s'exprimant dans le jargon hébreu que tous, sauf les nouveaux venus, parlaient couramment.

— Il était une fois un homme qui menait une vie vertueuse. Du moins l'estimait-il telle. Et un homme est ce qu'il croit être, n'est-ce pas?

» Tandis que les résultats de sa vertueuse vie s'accumulaient autour de lui, cet homme devint un vieillard aux cheveux blancs et au visage ridé. Il possédait une grande maison, une femme fidèle et soumise, beaucoup d'amis; il était comblé d'honneurs; il avait beaucoup de fils et de filles, des petits-enfants plus nombreux encore, et quelques arrière-petits-enfants. Mais, comme c'est le sort commun à tous les hommes, il vit sa dernière heure arriver et se trouva couché sur son lit de mort. Il aurait pu s'offrir les meilleurs médecins et les médicaments les plus efficaces; mais ceux-ci lui auraient été tout aussi inutiles que les soins des pires charlatans et les remèdes de bonnes femmes. La seule chose qu'on put faire pour lui fut de placer entre ses mains le crucifix — ce crucifix sur lequel était cloué l'Homme-Dieu qu'il avait adoré et servi tout au long de sa vie.

» L'homme mourut, mais il se réveilla en un lieu étrange et se trouva en présence d'un inconnu.

» — Je suis donc au Ciel? dit le vieillard.

» — Cela dépend, répondit l'inconnu. (Il tendit au vieillard une longue épée à deux tranchants et lui dit :) Pour entrer au Ciel, tu devras te servir de cette épée. Si tu t'y refuses, tu iras en Enfer.

» — Et que dois-je faire de l'épée? demanda le vieillard.

» — Tu suivras ce sentier, dit l'inconnu en désignant du doigt une piste à travers bois. Il conduit à un ruisseau. Au bord de ce ruisseau, tu verras, jouant sur la rive, une belle petite fille de six ans. Elle semble actuellement n'être que pureté, joie et innocence, mais, quand elle deviendra femme, elle sera aussi mauvaise qu'il est possible à un être humain de l'être. Elle causera la mort de milliers d'hommes, de femmes et d'enfants. Elle fera mettre à la torture des centaines de personnes et prendra plaisir à entendre leurs hurlements de douleur. De plus, elle mettra au monde un fils qui, en grandissant, deviendra aussi malfaisant qu'elle-même.

» Tu vas tuer cette petite fille. A l'instant même!

» — La tuer! s'écria le vieillard. Vous ne pouvez pas parler sérieusement! Est-ce une ultime épreuve à laquelle vous voulez me soumettre?

» — C'est une épreuve, en effet, répondit l'inconnu. Et, crois-moi, je ne plaisante pas. Je n'en ai pas envie. Tu ne pourras entrer au Ciel que si tu t'engages à tuer cette fillette.

» Regarde autour de toi. Reconnais-tu ton domaine? Tu es encore sur la Terre, carrefour entre le Ciel et l'Enfer. Il dépend de toi de choisir le chemin que tu vas suivre dorénavant. Ou tu anéantis dans l'œuf un fléau terrible avant que celui-ci ait eu la possibilité d'éclore — et tu accomplis ainsi une grande et noble action. Ou bien tu places la moralité, telle qu'on l'entend dans le monde, au-dessus de ton amour pour Dieu et pour l'homme.

» — Mais je suis un homme juste! protesta le veillard. Et vous voulez me faire faire le mal pour prouver que je suis juste et bon!

» — Tu as certainement entendu dire et lu toi-même dans les livres qu'aucun homme n'est bon, répondit l'inconnu. Seul Dieu est bon. Ce sont là les paroles mêmes du Christ, qui a été jusqu'à nier être bon Lui-même.

» En disant ces mots, l'inconnu s'éloigna. Le vieillard le regarda partir en se demandant s'il allait déployer des ailes pour s'envoler, ou se trouver soudain pourvu de cornes, de sabots et d'une queue; ou encore s'il allait s'abîmer dans un gouffre ouvert brusquement sous ses pas. Car la pensée lui était venue que l'inconnu était peut-être un ange, mais un ange déchu.

» Mais le Ciel n'aurait pas permis qu'il se trouvât confronté avec un démon, lui qui, toute sa vie, avait résisté avec succès au Diable pour suivre la voie tracée par Dieu. Il aurait été injuste, inique, de l'exposer au mal après sa mort. Ni les prêtres ni les livres n'avaient jamais fait mention d'une telle éventualité.

» Cependant, pour injuste et inique que cela lui parût, il tenait à la main une épée à double tranchant, dont il savait ce qu'il devait faire. Lentement, il se dirigea vers le chemin qui lui avait été indiqué et arriva bientôt auprès de la fillette qui jouait sur la rive du ruisseau. Alors il reconnut sa propre arrière-petite-fille, enfant d'un de ses petits-fils préférés. C'était une fillette heureuse, jolie et exceptionnellement intelligente. Comment aurait-elle jamais pu devenir ce que l'inconnu avait prédit qu'elle deviendrait?

» Prédit? Mais, si on pouvait connaître l'avenir, s'il était déjà déterminé, cette petite fille ne pouvait donc pas décider de ses actes. Elle n'avait pas de libre arbitre. Elle n'était qu'un pantin dont Dieu tirait les ficelles. Pourquoi aurait-il fallu la tuer à cause du mal qu'elle était condamnée à commettre?

» Puis le vieillard se souvint de ce qu'un prêtre lui avait dit autrefois, et que ses lectures lui avaient confirmé — à savoir que, bien que caché aux yeux des hommes, l'avenir s'est depuis longtemps déroulé devant les yeux de Dieu. Dieu connaît tout, du début jusqu'à la fin. Le temps, au sens où l'entendent les humains, n'existe pas pour lui. Il suffit d'un seul regard divin pour scruter l'Alpha et l'Oméga. Les humains ont bien leur libre arbitre, mais ils ne savent pas ce qu'ils vont faire. Mais cela ne peut pas être, se dit le vieillard. Si je tue cette fillette, elle ne commettra pas, par la suite, les actes malfaisants qu'elle était destinée à commettre. Ainsi elle mourra innocente et n'existera plus dans l'avenir que Dieu voit maintenant. Mais alors, comment peut-il la voir et connaître ses actions futures? C'est impossible! L'avenir n'est pas dévoilé à Ses yeux, mais Il a tracé le chemin que devait suivre cet avenir. Il a destiné cette douce fillette à mourir maintenant ou à grandir pour devenir un monstre. Nous sommes prédestinés.

» S'il en est ainsi, pensa encore le vieillard, pourquoi, en fin de compte, Dieu nous a-t-Il créés? Au moment où Il modelait l'argile d'où Il a tiré Adam, Il savait que des milliards d'êtres iraient en Enfer et quelques-uns seulement au Ciel. Nous a-t-il créés parce qu'un peu de bon pèse plus lourd dans la balance que beaucoup de mauvais? Ou parce qu'Il est le Créateur et ne peut s'empêcher de créer, quelles qu'en soient les conséquences pour Ses impuissantes créatures?

» Le vieillard ne trouvait pas de réponses à ces questions. A chacune de ses pensées s'en opposait une autre, et réfléchir ne faisait qu'embrouiller les choses. Pour faire le bien, il devait faire le mal. C'était ainsi. Il n'avait qu'une seule ressource : cesser de penser et avoir la foi.

» C'est pourquoi le vieillard se dirigea lentement vers la petite fille qui lui tournait le dos. Il leva son épée.

» Puis une autre pensée lui vint...

C'était toujours là que s'arrêtait le discours de X. Fyodor, qui était resté debout à côté de Cull, se mit à sangloter bruyamment. Les larmes coulaient le long de ses joues et humectaient sa barbe.

— Je l'ai entendu raconter cette histoire au moins douze fois, dit-il au milieu de ses sanglots, et je suis sûr maintenant que, si j'étais capable de la terminer correctement, je serais libre de quitter ce lieu!

— Ce n'est qu'une nouvelle ruse destinée à nous laisser dans le doute, dans l'espérance, répondit Cull avec un regard haineux à l'adresse de X.

— Que voulez-vous dire? demande Fyodor en saisissant le bras de Cull et en fixant sur lui ses yeux remplis de larmes.

— Il s'agit là d'un de ces faux prophètes... dit Cull.

Puis il se prit à se demander si X n'était pas l'agent d'une organisation de même nature que l'Inter, mais inconnue de celui-ci. S'il en était ainsi, quel profit en résultait-il pour X et son organisation? Et pourquoi avait-il reçu le pouvoir de ressusciter les morts s'il n'était qu'un homme?

Fyodor continua à interroger Cull. Mais celui-ci ne pouvait lui expliquer que l'Inter élevait au rang de religions nouvelles les simples rumeurs qui couraient, et profitait du pouvoir ainsi exercé sur les convertis et des contributions que ceux-ci apportaient à l'organisation. En ce moment même, dans toute la cité, des hommes et des femmes étaient en train de préparer des sermons fondés sur la première des suppositions dont Fyodor avait fait part à Cull au téléphone. Ils répandraient la Bonne Nouvelle. Et la foule, plus affamée d'espoir que de nourriture, les écouterait et les croirait. Puis, quand la confiance commencerait à diminuer parce que les promesses ne seraient pas tenues, un nouvel espoir leur serait offert. Et, de nouveau, ils se convertiraient.

Bien entendu, il y avait toujours un petit noyau de personnes difficiles à convaincre, qui se raccrochaient au passé. Celles-là aussi étaient des jouets entre les mains de l'Inter qui, en matière de théologie, faisait flèche de tout bois...

— Ce doit être Lui! dit Fyodor. Nous pouvons garder l'espérance. Tout n'est pas perdu. Cull, vous vous rappelez que le temps ici semble avoir peu de rapport avec le temps terrestre. Nous savons qu'il a passé trois jours en Enfer. Trois jours terrestres, oui. Mais combien de jours selon le temps de l'Enfer? Peut-être restera-t-il ici jusqu'à la mort du dernier homme de la Terre, bien que, sur Terre, il soit sorti du tombeau il y a très longtemps pour monter au Ciel... Pouvez-vous prouver que je me trompe? N'aurait-ce pas été la chose la plus humaine, la plus équitable à faire, que de nous donner une autre chance?

— Vous êtes fou! dit Cull, en se demandant combien de temps il lui faudrait pour aller téléphoner à Stengarius afin de lui faire part de cette nouvelle hypothèse. Je ne peux pas prouver que vous vous trompez, mais vous ne pouvez pas prouver que vous avez raison.

— La foi! La foi et notre amour pour Lui sont les seuls remèdes, s'écria Fyodor en s'élançant vers X, devant lequel il s'agenouilla pour baiser l'ourlet de sa tunique.

— Maître! cria-t-il. Dites-moi que je ne suis ici que pour expier mes fautes et mes doutes! Vous savez que je Vous ai toujours aimé. Je Vous aimerais même si Vous Vous trompiez! Si Vous étiez condamné à l'exil éternel en ce lieu, ou si Vous aviez choisi d'y rester à jamais à cause de Votre amour pour l'homme, je renoncerais volontiers au Ciel pour rester à Vos côtés pendant toute l'éternité!

X regarda Fyodor avec bonté et lui posa doucement une main sur la tête. Mais il passa devant lui sans un mot.

Cull ne pouvait s'expliquer pourquoi l'attitude de Fyodor le rendait furieux. Mais il prit un morceau de basalte gros comme le poing, qui s'était détaché d'une gargouille, et le lança sur lui de toutes ses forces. La pierre atteignit Fyodor à la nuque et il tomba, le visage contre terre. Le sang se mit à couler de la blessure.

A la vue du sang, la foule poussa un rugissement. Maussade mais silencieuse en présence de X, elle revenait maintenant bruyamment à la vie. Des hommes s'élancèrent, se saisirent de X et de ses deux assistants, tandis que d'autres se mettaient en devoir de renverser l'ambulance. En moins de trois minutes, la voiture fut couchée sur le côté et il ne resta de X et de ses acolytes que des lambeaux de chair et de vêtements éparpillés, et trois têtes détachées de leurs troncs.

Un silence se fit brusquement dans la foule. Hommes et femmes se regardaient d'un air hébété. Le sang dégouttait de leurs mains et des fragments de chair déchiquetée restaient accrochés à leurs ongles. Certains avaient même du sang au coin des lèvres. Soudain, pris de panique, ils se dispersèrent en toute hâte dans les rues, telles des feuilles mortes emportées par le vent. Cull et Fyodor restèrent seuls.

Fyodor s'était relevé et poussait des grognements de douleur en se frottant la nuque.

— C'est vous qui êtes responsable de tout cela, lui dit Cull. Vous n'auriez pas dû l'invoquer comme le Vrai Christ. Cela les a rendus fous. Les gens n'aiment pas entendre blasphémer.

Ce n'était pas là une accusation injuste. Fyodor avait bien été l'instigateur de ce drame, car c'était son attitude qui avait exaspéré Cull. Mais qu'importait? Que X fût un homme ou un démon, il ressusciterait sous peu de toute façon. Et s'il était bien Celui que Fyodor avait salué en lui, Il n'aurait subi aucun dommage.

— Restez ici, dit Cull à Fyodor.

Lui-même se dirigea vers le bâtiment qui abritait le téléphone local de l'Inter. Il n'y avait personne dans le bureau : le lynchage avait dû effrayer jusqu'aux agents de l'Inter. Mais à quoi cherchaient-ils donc à échapper? A la foudre? A un Dieu vengeur? Il ne se passerait rien. Un nouveau mugissement de sirène se faisait déjà entendre dans le lointain lorsque Cull prit l'appareil.

Il raconta à Stengarius ce qui s'était passé. Mais son interlocuteur l'interrompit pour demander :

— Où est Phyllis? Est-ce que tout va bien pour elle? Passez-la-moi.

Cull demeura interdit.

— Je... je ne sais pas, balbutia-t-il. Elle se fait

transporter en palanquin, vous savez. Elle voyage moins vite que moi... bien que d'une façon beaucoup plus confortable, ajouta-t-il d'un ton amer.

— C'est bon, répondit Stengarius avec irritation. Je vais appeler différents postes sur sa route pour savoir si on l'a vue. Et ne cherchez pas à faire le malin avec nous, Cull!

— Excusez-moi, monsieur, répondit Cull. Ce n'était pas mon intention. Je ne faisais que commenter un fait.

— Que cela ne se reproduise pas. Dès que Phyllis arrivera, dites-lui de me rappeler.

— Bien, monsieur. Avez-vous reçu des rapports vous informant que X était apparu ailleurs?

— Nous venons d'examiner les vingt derniers rapports, répondit Stengarius. D'après notre sablier, il s'est écoulé environ dix minutes entre chacune des apparitions de X. Ces rapports couvrent également la zone où vous vous trouvez.

— Voulez-vous rester en ligne un moment? dit Cull. Voici une autre ambulance qui arrive. Je vais voir si X est dedans.

Il s'approcha de l'énorme fenêtre sans vitres et se pencha à l'extérieur. L'ambulance tourna le coin de la rue à une vitesse telle qu'elle érafla un bâtiment et fit une embardée avant de s'arrêter juste à côté de Fyodor. Celui-ci, assis par terre, tenait la tête de X pressée contre sa poitrine.

Deux hommes sautèrent de l'ambulance. Aucun d'eux n'était X. Cull s'apprêtait à retourner au téléphone pour en informer Stengarius, lorsqu'il remarqua que la tenue des deux hommes était très débraillée. Le premier ne portait pas de couvre-chef et sa veste était déboutonnée. L'autre était pieds nus et tenait entre ses dents un cigare à demi consumé. Une pareille négligence était déjà inouïe, mais, lorsque les deux hommes se mirent à mâchonner de grosses bouchées de chair crue, Cull comprit que quelque chose allait de travers. Et, en les voyant sortir de la première ambulance le cadavre de la femme et se mettre à la découper à l'aide d'un couteau que l'un d'eux avait tiré de sa poche, il se sentit réellement alarmé.

En écoutant son rapport, Stengarius se montra, lui aussi, très troublé.

— Je viens d'apprendre que le personnel de deux autres ambulances s'est également comporté de façon extraordinaire, dit-il. De plus, depuis quelque temps, bon nombre de cadavres sont restés sur place sans qu'on vienne les ramasser. Que se passe-t-il?

— N'y a-t-il aucune trace de X? demanda Cull sans répondre à cette question.

— Vous êtes le dernier à l'avoir vu. J'ai l'impression qu'il se passe de drôles de choses — bien que « drôles » ne soit sans doute pas le terme qui convient. En outre, d'après le Service des Statistiques, le nombre des nouveaux arrivants est tombé pratiquement à zéro. La chose remonte à quelques heures. C'est comme si la porte de la Terre s'était refermée brusquement.

— Y a-t-il une explication à ce phénomène? demanda Cull.

— La seule supposition que nous puissions faire, c'est que les derniers humains tués au cours de la guerre nucléaire sur Terre sont arrivés ici.

Cull eut un frisson.

— Vous voulez dire que l'humanité tout entière serait morte? demanda-t-il.

— Il est trop tôt pour l'affirmer.

— Ecoutez, Stengarius...

— Ne respirez pas si fort!

— Vous êtes haletant, vous aussi!... Voici ce que je voulais dire. La dernière fois que l'immigration a été interrompue de façon aussi radicale, c'est à l'époque où les feux se sont éteints. Auparavant, elle s'était arrêtée lorsque ce lieu, d'univers copernicien, est devenu univers einsteinien. Et, avant cela encore, lorsque la structure ptoléméenne avait été remodelée selon les données coperniciennes. Les deux premières des transformations que je viens de citer ont été catastrophiques.

— Qu'insinuez-vous? s'écria Stengarius. Que nous sommes sur le point de subir un nouveau cataclysme? Vous êtes fou! Vous prétendez qu'Einstein s'est trompé et que... Voyons, cessez de divaguer. Que cherchez-vous à faire? A démolir le moral de l'Inter? Vous...

— Je n'émettais que des suppositions, répondit Cull. C'est pour cela que je suis payé. Voici ce que je vais faire — si vous m'y autorisez, bien entendu. Je vais remettre sur pied ce singe de Fyodor et nous descendrons ensemble jusqu'au tréfonds de ce monde. J'emploie ce mot à dessein, car Fyodor a parlé des égouts et je crois qu'il peut y avoir là une piste sérieuse. Avez-vous des instructions à me donner avant que je parte?

— Non, simplement de rester en contact avec nous. Dieu seul sait ce qui se passe. Ah! autre chose : n'oubliez pas Phyllis.

Cull sortit et trouva Fyodor debout dans la rue, tenant toujours la tête de X entre ses bras. Les deux employés de la nouvelle ambulance — des démons, supposa-t-il, et non des hommes — appuyés sur le capot, mâchonnaient avec application. Ils ne prêtèrent aucune attention à Cull et à son compagnon.

Il fallut quelque temps à Cull pour persuader Fyodor de lâcher la tête de X. Le vieillard balbutiait des mots incohérents, parmi lesquels Cull reconnut pourtant ceux de « sang sacré ». Il remarqua que le visage et la barbe de Fyodor étaient maculés de rouge.

— Vous croyez à la magie? lui demanda-t-il. Vous croyez que vous allez devenir un saint parce que vous êtes couvert de son sang? Bientôt, vous le boirez comme si c'était du vin.

— Je l'ai fait! Je l'ai fait! cria Fyodor avec ravissement.

— Et je suppose que vous avez mangé aussi de sa chair?

— Oui! Et j'ai senti la divinité se répandre dans mes veines. Comme si la foudre descendait dans ma gorge pour pénétrer tout mon être. Je me sentais semblable à un dieu. Non, c'est là un blasphème! J'avais l'impression de faire partie de Lui.

— Ainsi, maintenant, vous êtes X, dit Cull. Avez-vous l'intention de prendre sa place?

Il s'immobilisa à ce moment. Fyodor continua à marcher pendant quelques mètres, avant de se retourner pour voir ce qui retenait son compagnon.

Ce dernier se demandait pourquoi ni lui ni personne n'avait pensé à cela plus tôt. A moins qu'on n'y eût pensé et que X n'en fût, malgré sa mort présente, la preuve vivante? Mais, si tel était le cas, c'est que X appartenait à une organisation possédant des ressources dont l'Inter ne pouvait disposer.

Bien entendu, cela n'empêcherait pas l'Inter de se servir de faux X qui ramasseraient les morts et les écouleraient au marché noir. De sorte que, lorsque le véritable X se présenterait, il serait accusé d'imposture par les agents de l'Inter. Excitée à la violence, la foule le mettrait en pièces, tout comme cela venait d'arriver ici. Avant qu'on eût le temps de compter jusqu'à trois, l'Inter aurait éliminé l'opposition.

Seulement, voilà... Si X était l'une de ces Autorités que nul n'avait jamais vues, ou un de leurs agents, les Autorités s'en prendraient à l'Inter. Jusqu'alors elles ne s'étaient jamais mêlées de ses affaires; mais l'Inter ne s'était jamais occupé des leurs non plus.

Si, pourtant : X avait déjà, dans le passé, été malmené et tué par la foule. Mais il s'agissait alors de violence spontanée. Cependant, pour autant qu'on pût le savoir, les assassins n'avaient jamais été punis.

Peut-être les Autorités n'existaient-elles pas?

Elles devaient exister, cependant, car aucun humain n'aurait été capable de ressusciter les morts ni d'arriver aussi rapidement sur les lieux d'un drame.

Alors? Se pouvait-il que les Autorités eussent confié à des êtres humains certains pouvoirs — ou certains moyens scientifiques — les mettant à même de ressusciter les morts? Et qu'ensuite les

Autorités fussent retournées là d'où elles venaient?

Il y avait un seul moyen de s'en rendre compte, et Cull s'en voulait de ne pas y avoir pensé plus tôt.

Alarmé en le voyant rebrousser chemin, Fyodor lui cria :

— Où allez-vous?

— Chercher la tête de X, répondit Cull.

La tête était toujours au milieu de la rue, là où Fyodor l'avait placée avec tant de tendresse. Elle était posée le visage tourné vers le haut. Malgré la violence du choc, les lunettes noires étaient restées en place. Sur le moment, Cull était si troublé que ce détail lui avait échappé. A présent, il se disait qu'il allait les enlever pour voir les yeux de X, même s'il devait pour cela soulever lui-même les paupières.

Pourquoi X portait-il des lunettes noires? Etait-il un démon? Les démons, quelle que fût leur apparence, humaine ou monstrueuse, avaient tous des yeux comme ceux des chats ou des loups, qui brillaient dans l'obscurité lorsqu'une lumière s'y reflétait.

Les anges — d'après ce qu'avait dit à Cull un homme qui affirmait en avoir vu un — possédaient le même type d'yeux. C'était logique, puisqu'ils étaient des démons non déchus. Si Cull emportait la tête dans une pièce sombre et dirigeait sur elle un rayon de lumière, même si les yeux la reflétaient, il ne saurait toujours pas si X était d'origine céleste ou infernale. Mais il saurait qu'il n'était pas humain.

L'un des employés de l'ambulance, toujours penché au-dessus du capot, releva les yeux pour regarder Cull. Devinant les intentions de celui-ci, il courut à la tête de X, s'en empara et, tournant sur lui-même comme un arrière de rugby, s'enfuit en courant. Mais Cull avait eu le temps de le voir grimacer un sourire qui découvrit ses canines — des canines si longues qu'elles ne pouvaient appartenir à un être humain.

— Arrête! cria Cull. Je te ferai écorcher vif, canaille, si tu ne t'arrêtes pas!

Le fugitif tourna la tête pour lui adresser un signe moqueur et continua à courir. Cull se lança à sa poursuite, non seulement pour reprendre la tête mais pour tenter de découvrir pourquoi ce démon se montrait si désobéissant. Beaucoup de faits étranges s'étaient produits récemment, et il voulait essayer d'en découvrir la cause.

Les rues commençaient à se remplir à nouveau. Le démon fendit la foule, qui se dispersa en voyant l'objet qu'il portait dans le creux de ses bras.

Cull perdait du terrain. Ses muscles étaient raides et sa longue randonnée à dos d'homme l'avait épuisé. Si le démon avait continué à courir, il aurait été rapidement hors de vue. Mais il s'arrêta pour soulever, d'une main, une lourde pierre obturant une bouche d'égout au milieu de la rue. Et il pénétra dans l'égout. Lorsque enfin Cull arriva, il ne vit que l'obscurité qui commençait à régner à trois mètres du sol.

Trente secondes plus tard, Fyodor, haletant, le rejoignit et lui demanda, d'une voix rauque, pourquoi il voulait reprendre la tête de X. Cull lui donna quelques-unes de ses raisons.

— Mais, ajouta-t-il, nous ferions mieux d'abandonner. Nous ne pouvons pas suivre ce démon là-dedans.

— Oh! si, nous le pouvons, répondit Fyodor avec un sourire bizarre. Et autant le faire maintenant. De toute façon, il fallait que nous descendions.

Il s'engagea dans le trou et se mit à descendre les degrés de l'échelle de pierre menant au fond de l'égout.

— Etes-vous fou? demanda Cull.

Fyodor s'arrêta, la tête juste au niveau de la rue, et leva vers Cull ses petits yeux bleu-gris, tandis que sa large bouche se tordait en un sourire.

— Peut-être, répondit-il. Mais c'est là, mon ami, la seule manière de percer les mystères et les énigmes de ce monde. Je m'en suis rendu compte depuis quelque temps, surtout après avoir vu de très étranges individus sortir des égouts ou y pénétrer tandis que je parcourais les rues la nuit. Je me suis dit qu'il était peut-être possible d'accéder par là à la maison de X. Ou, comme certains l'appellent, à la Maison des Morts.

» Aussi, afin de pouvoir me retrouver dans ces chemins sans lumière et y affronter les dangers qui nous attendent — croyez-moi, ils sont nombreux — j'ai caché beaucoup de choses en lieu sûr dans ces profondeurs.

La puanteur qui se dégageait de la bouche d'égout donnait à Cull la nausée.

— Allons, descendez, lui dit Fyodor. L'odeur ne vous tuera pas. Espériez-vous pénétrer au fond des choses sans patauger dans l'ordure et la corruption?

— Attendez, dit Cull. Je voudrais téléphoner.

— Nous n'avons pas le temps, répondit Fyodor en continuant de s'enfoncer. Dépêchez-vous, ou la tête va nous échapper.

— Ce sont les nôtres qui vont nous échapper! riposta Cull. Mais il se mit à descendre l'échelle.

Juste au moment où ses yeux arrivaient à hauteur du pavé, il vit une femme et quatre hommes surgir au carrefour. La femme courait à toutes jambes, sans parvenir à aller bien vite car il était évident que ses membres étaient engourdis de fatigue. Elle trébuchait et, à plusieurs reprises, faillit tomber. Encore quelques mètres et elle ne pourrait plus courir du tout.

— Phyllis! cria Cull en interrompant sa descente.

Plus loin, il vit un certain nombre d'hommes et de femmes qui, selon toute apparence, poursuivaient Phyllis et les quatre porteurs de palanquin. Ils couraient derrière eux en leur criant des insultes et des menaces et en agitant, les uns des armes, les autres simplement leurs poings nus.

Cull resta figé d'horreur — moins à cause du danger immédiat couru par Phyllis que de la signification de cette scène. Pour que la foule osât s'attaquer à des agents de l'Inter, il fallait vraiment que tout fût sens dessus dessous et qu'il se passât d'étranges et terribles événements. Le monde était en pleine désagrégation.

Phyllis courut vers lui, haletante, les yeux écarquillés, la bouche grande ouverte, le visage défait.

— Attendez! cria-t-il à Fyodor, et il sortit de l'égout. Phyllis, voyant se dresser devant elle cette forme humaine qui semblait émerger du pavé, étendit les mains pour l'écarter. Elle tenta aussi de changer de direction mais s'écroula entre les bras de Cull.

Il la souleva pour la porter jusqu'à l'entrée de l'égout, la tendit à Fyodor et descendit à son tour. Vivement, il remit la pierre sur la bouche d'égout. Portant Phyllis l'un par la tête, l'autre par les pieds, Fyodor et lui se mirent en marche dans l'obscurité. Cull se sentait pris de panique à la pensée que la foule pût descendre par l'échelle à leur poursuite. Un moment, il eut l'idée de laisser Phyllis sur place. Ce n'aurait été que justice, car elle-même l'avait bel et bien abandonné!

Mais personne ne souleva la pierre qui couvrait la bouche d'égout. En quelques secondes, Cull et ses compagnons furent hors de portée des cris qui venaient de la rue.

Ils avaient parcouru environ cinq cents mètres dans l'obscurité quand Fyodor dit :

— Arrêtez! Ce doit être ici.

Il posa les jambes de Phyllis à terre et Cull fit de même pour le reste du corps. La jeune femme resta étendue à l'endroit où ils l'avaient déposée, respirant péniblement.

— Qu'aucun de vous deux ne bouge, dit Fyodor. Si vous faites un pas dans la mauvaise direction, vous risquez de tomber dans les eaux de l'égout.

Cull frissonna, bien qu'il fût trempé de sueur, en entendant gargouiller, quelques mètres plus bas, le flot boueux et nauséabond. Brusquement, la puanteur et la chaleur lui devinrent intolérables et il eut envie de fuir. Rien ne pouvait l'empêcher de quitter Fyodor et Phyllis; il retrouverait facilement son chemin jusqu'à l'échelle et pourrait remonter à la lumière et à l'air frais. Maintenant, la foule devait s'être dispersée, et, à supposer que quelques manifestants fussent encore dans la rue, il suffirait à Cull de se joindre à eux. Comment pourraient-ils savoir qu'il les avait frustrés d'une de leurs victimes?

De plus, rester dans l'égout, c'était se mettre entre les mains de Fyodor : il n'était pas impossible que celui-ci l'eût attiré en ce lieu pour l'y abandonner ou le tuer. Qui pouvait savoir ce qui se passait dans l'esprit d'un fanatique? C'était un être de faible constitution et, probablement, un lâche. Il devait haïr l'homme qui avait tourné en dérision sa foi et qui, par ses sarcasmes, avait poussé la foule à s'en prendre à X.

« Ne nous affolons pas, se recommanda Cull à lui-même. Peut-être est-ce moi qui suis lâche. Logiquement, Fyodor n'a aucune raison de me vouloir du mal. M'aurait-il invité à l'accompagner s'il n'avait pas vraiment désiré mon aide pour traverser ces sombres et dangereux tunnels? Ne croit-il pas sincèrement à tous ces boniments sur la fraternité entre les hommes et l'amour qu'on doit porter à son prochain parce que le Père le veut ainsi? »

Phyllis, qui avait repris son souffle, demanda :

— Jack, est-ce bien toi qui m'as sauvée? Et qu'allons-nous faire à présent?

— Oui, c'est moi, bien sûr, répondit Cull, quoique je ne sache pas pourquoi! J'aurais dû te regarder mettre en pièces : ce n'aurait été que justice!

— Tu m'aimes toujours, dit-elle avec émerveillement.

— Ne crois pas cela! répliqua-t-il durement. J'aime ton corps. Quel homme ne l'aimerait pas? Mais je te hais!

La voix de Fyodor s'éleva dans l'obscurité.

— Venez, frère Cull et sœur Nilstrom. Prenez ma main et suivez-moi. J'ai retrouvé l'endroit où j'avais déposé mes provisions.

Cull ne s'était même pas rendu compte que Fyodor s'était éloigné. Il était vraiment à la merci du petit vieillard.

Phyllis se leva et prit la main de Cull. Celui-ci

chercha à tâtons la main de Fyodor et se laissa conduire par lui pour parcourir une vingtaine de mètres. Puis Fyodor tourna dans un renfoncement du mur.

— Il y a beaucoup de recoins de ce genre dans les égouts, dit-il. Je ne sais pas à quoi ils étaient destinés à l'origine, mais j'ai utilisé celui-ci comme resserre. J'espère que personne n'a découvert ma cachette et ne l'a pillée. Ne bougez pas.

Il s'arrêta et lâcha la main de Cull. Un moment plus tard il s'écria, avec un soupir de soulagement :

— Ah! elles sont toujours là!

Cull sentit une odeur d'acide sulfurique; une lumière jaillit d'un bâton que Fyodor tenait à la main.

— Heureusement, dit celui-ci, il y a beaucoup de soufre en Enfer. Il suffit d'entourer de feuilles d'arbre de roc séchées un éclat d'os et de former une pointe de chlorate de potassium et de sucre tiré de l'urine ou bien d'organes. Malheureusement, il est très difficile de se procurer de l'acide sulfurique ou d'autres produits chimiques. Des hommes malveillants en contrôlent la distribution et j'ai dû me livrer à des actes très déplaisants — pour ne pas dire pervers — pour acheter ces produits. Mais passons! Le simple fait d'évoquer la perversité est pervers en soi. Mon excuse est que j'avais besoin de ces acides pour accomplir le bien — ou tout au moins ce que j'estime être le bien. Pardonnez-moi ce sermon!

Fyodor approcha d'une torche le long bâton malodorant. La torche s'enflamma rapidement en donnant de la lumière, mais en dégageant aussi beaucoup de fumée. Fyodor alluma une deuxième torche à la première, la tendit à Cull et en donna une troisième à Phyllis. Puis il ramassa deux paquets de torches et en remit un à Cull. Les paquets étaient enveloppés de peau et pouvaient se porter sur l'épaule gauche à l'aide d'une courroie de cuir. Les deux hommes mirent sur leur épaule droite trois autres sacs contenant de la nourriture et des bouteilles de terre cuite remplies d'eau.

— Des sacs faits de peau humaine, dit Fyodor. En les achetant, j'ai favorisé le commerce meurtrier et illicite de ces articles. Bien sûr, ce n'est pas moi qui ai coupé la gorge des hommes et des femmes sur lesquels cette peau a été prélevée. Mais j'ai payé le résultat de ce travail, même si je ne l'ai pas ordonné moi-même. Cependant, j'avais besoin de cette peau, tout comme j'avais besoin de ces bâtons, pour atteindre mon but. Et ce but — qui est de déterminer ce qui est bon et juste — n'est-il pas bon en lui-même?

— Qu'importe que l'on tue ou non? demanda Cull. De toute façon, la mort n'est pas un état permanent. Tuer un homme équivaut à lui procurer un peu de sommeil. Il devrait vous en être reconnaissant.

— Oh! mais on aurait pu en dire autant des meurtres commis sur la Terre, rétorqua Fyodor. Si un homme doit revivre dans l'au-delà, pourquoi est-ce un crime de le tuer? Non, même ici le meurtre constitue une ingérence dans les affaires et la destinée de l'homme. Tuer un homme équivaut à entraver son libre arbitre. Tant qu'un être ne nuit pas à autrui, il devrait lui être permis d'agir comme bon lui semble.

» Mais trêve de discussions... Le démon doit être loin maintenant. Bien sûr, pas plus que nous, il ne peut voir sans lumière. Mais peut-être est-il un habitué de ces lieux et lui est-il possible de se diriger dans l'obscurité à tâtons. Poursuivons notre route.

Ils plongèrent dans un monde limité à droite par des murs de métal blanc et à gauche par la lueur tremblotante des torches. Le long des murs qui allaient en s'infléchissant, il y avait un passage large d'environ un mètre. A deux mètres au-dessous coulaient les eaux visqueuses de l'égout. Cull ne parvenait pas à distinguer l'autre rive du canal ni le mur qui le bornait.

— N'y a-t-il pas de danger que le gaz concentré dans l'égout explose au contact de nos torches? demanda-t-il.

— Si, répondit Fyodor, mais ce n'est pas là le plus grand des dangers qui nous menacent.

— Ah! s'écria Cull, trop effrayé pour demander de plus amples renseignements. (La seule question qu'il posa fut :) Qui a construit ces égouts?

— Je ne sais pas, répondit Fyodor. Des démons, probablement. Et sous la direction des Autorités, je suppose, quand ce monde a été reconstruit selon la structure einsteinienne.

Ils arrivèrent bientôt à un pont de métal blanc qui enjambait le canal à un endroit où celui-ci se resserrait.

— Le canal fait ici une bifurcation que nous allons suivre, dit Fyodor.

Il s'approcha du pont, simple passerelle de soixante centimètres de large, sans parapet.

— Hum! s'écria-t-il. Il semble que la récente secousse sismique ait provoqué l'élargissement du canal. Heureusement, bien que ce phénomène soit difficilement explicable, le métal paraît susceptible de s'étirer. Dans quelle mesure, je l'ignore et j'espère ne jamais le savoir.

Ils traversèrent le pont et tournèrent pour s'engager dans un nouveau tunnel. Après être passé sur un second pont, ils suivirent le tunnel sur la gauche.

— Comment savez-vous que le démon est parti par là? demanda Cull.

— Je ne le sais pas. Mais je présume qu'il est retourné à la Maison des Morts, d'où il venait. Si tel est bien le cas, nous pourrons retrouver sa trace.

Cull ne comprenait pas très bien ce que tout cela signifiait, mais il décida de suivre Fyodor. Il n'avait plus le choix : Fyodor savait où il allait alors que lui-même n'en avait aucune idée. Et, quand ils eurent tourné encore une fois dans le tunnel, il se dit qu'il ne serait sans doute pas capable de revenir sur ses pas.

C'est alors qu'il commença à se demander si Fyodor n'était pas un démon.

Peut-être les menait-il à la torture?... Cull se gourmanda de ne pas avoir songé à cela plus tôt. Il fit quelques pas en arrière et appela : « Fyodor! » Le petit Slave se retourna brusquement. Il tenait sa torche derrière lui, de sorte que ses yeux n'étaient éclairés que par celle de Cull.

— Qu'est-ce qu'il y a? cria-t-il.

— Rien, répondit Cull. J'avais cru voir quelque chose bouger dans l'ombre.

Il poussa un soupir de soulagement : les yeux de Fyodor n'avaient pas brillé.

— Si vous voyez quoi que ce soit, hurlez! reprit Fyodor. Je ferai de même. De cette façon, si l'un de nous est attaqué ou immobilisé par un obstacle, les autres auront le temps de se défendre.

— Ce que vous dites là est très encourageant, remarqua Cull.

Phyllis poussa un gémissement et murmura à l'adresse de Cull :

— Jack, devons-nous vraiment poursuivre notre route? J'ai peur!

— Préférerais-tu retourner d'où tu viens et être mise en pièces?

— Oui, j'aimerais mieux courir ce risque; je saurais au moins ce qui m'attend. Alors qu'ici... Il y a peut-être des choses pires que d'être mis en pièces. D'ailleurs, il est possible que là-haut l'Inter ait repris le contrôle de la situation.

— J'en doute, répondit Cull. Des événements très graves et très importants sont en cours. Pour ma part, je tiens à apprendre par Qui ou par Quoi est dirigé cet Enfer.

— Imbécile! lui cria-t-elle. Je dirai à Stengarius que tu as manqué à tes devoirs, que tu n'as pas pris soin de moi! Il te fera arracher la langue, couper les testicules, casser les os des mains et des pieds! Il te fera crever les yeux!

— ... Stengarius! riposta Cull. Et toi aussi, sale putain menteuse!

Phyllis haletait. Elle se tut un moment. La lumière de la torche éclairait sa peau blanche, ses yeux remplis de frayeur et les rides qui s'étaient creusées sur son front et entre son nez et sa bouche. Elle semblait avoir brusquement vieilli.

Elle leva une main pour faire de l'ombre sur son visage et reprit :

— Jack, je t'en prie! Ramène-moi là-haut! S'il te plaît! J'ai tellement peur! Ecoute...

Elle hésita, puis ajouta d'une voix douce :

— Je ferai tout ce que tu voudras.

— Tout? insista Cull.

— Oui, tout.

— Non, répondit-il, je n'accepterais pas, même si cela devait me donner l'occasion de te faire souffrir. Je suis sur la piste de quelque chose qui me paraît plus désirable encore que la vengeance.

— Salaud! cria-t-elle. Je te hais! Oublie ce que j'ai dit. Et n'essaye jamais de me toucher : ton contact me donne la chair de poule!

— Alors, reprit-il d'un ton qu'il sut rendre calme au prix d'un grand effort, tu n'aurais pas fait tout ce que j'aurais voulu. Car je voulais que tu m'aimes, que tu te donnes à moi de ton plein gré, avec joie, avec élan, et que tu y prennes plaisir. Mais j'aurais dû savoir à quoi m'en tenir : même si tu le voulais, tu n'en serais pas capable.

Elle ne répondit pas et Cull s'éloigna. Il entendit Fyodor s'écrier avec un petit grognement de satisfaction :

— Nous ne sommes pas loin du but! Voici la paroi extérieure d'une conduite d'aération. Tâtez-la. Si je ne me trompe pas, la Maison est là, tout à côté.

— Quel est votre plan? demanda Cull.

— Apparemment, il n'y a pas d'entrée le long de ce tunnel. Nous devons donc descendre au niveau inférieur. S'il existe une entrée, elle doit se trouver plus bas.

— Si? répéta Cull. Vous m'avez amené dans cet endroit infect sans être sûr qu'il y ait une entrée?

— Il doit forcément y en avoir une plus bas! Sinon, comment seraient-ils approvisionnés? X et ses assistants ne quittent jamais la Maison que pour aller ramasser les morts. Mais la Maison est trop petite pour qu'ils y restent constamment enfermés. Suivez-moi. Je sais où se trouve l'entrée du bas mais je n'ai jamais eu le courage de passer par là. Maintenant que j'ai quelqu'un avec moi...

Ils suivirent jusqu'au bout la vaste courbe que décrivait le tunnel. Au sortir de celle-ci, il y avait dans le mur un trou juste assez grand pour permettre à un homme portant un paquet sur son dos de s'y introduire. Au centre de la cheminée sur laquelle ouvrait le trou, ils virent un poteau de métal blanc. Cull l'entoura de ses mains et ses doigts se rejoignirent presque. Le métal paraissait sec, mais il était graisseux au toucher.

— On dirait un de ces mâts dont les pompiers se servent pour faire l'exercice, dit Cull. Mais où descend-il? Dans le feu?

La lumière de sa torche éclairait une partie de la cheminée. Cull ne voyait pas le fond, mais il devait bien y en avoir un pour soutenir la base du poteau. Etait-ce bien sûr, cependant?

— Descendre n'est rien, dit-il, mais comment remonter? Il nous sera impossible de nous hisser à la force du poignet. Le poteau est trop lisse.

— Nous pourrons toujours nous appuyer le dos contre la paroi de la cheminée, répondit Fyodor. Ne comprenez-vous pas que ceci confirme ma théorie? S'il est si difficile de grimper le long du poteau, cela veut dire que ceux qui descendent doivent avoir un autre moyen de remonter...

— Peut-être, dit Cull. Passez le premier.

Fyodor s'assit au bord de la cheminée en étendant les jambes pour atteindre l'autre côté.

— Je dois tenir la torche d'une main et le poteau de l'autre, dit-il. Mais je ne peux pas appuyer mon dos contre la paroi, car mon paquet risquerait de se détacher. Il faut donc que je me contente d'une seule main pour me tenir.

— Vous n'y arriverez jamais, protesta Cull. Ne soyez pas stupide!

Il alluma une autre torche et la fit tomber dans la cheminée. Elle descendit sans se retourner, maintenue droite par la lourde mèche allumée. Les parois de la cheminée s'éclairèrent puis furent de nouveau plongées dans l'obscurité, à mesure que la torche poursuivait sa descente en rapetissant.

— A quelle distance se trouve le fond? demanda Cull.

— On ne peut le déterminer. Il n'y a qu'une seule façon de l'apprendre.

La torche, qui n'était plus maintenant qu'une minuscule étincelle, cessa brusquement de briller, sans qu'on pût savoir si elle avait touché le fond et roulé sur le côté hors de leur vue, ou si elle était tombée si bas qu'elle était devenue invisible. Comme l'avait dit Fyodor, il n'y avait qu'un seul moyen de s'en rendre compte : descendre.

Fyodor se laissa glisser à l'intérieur de la cheminée, les jambes croisées autour du poteau qu'il tenait d'une main, tandis qu'il portait la torche de l'autre. Cull agrippa à son tour le poteau. « Tu viens? » demanda-t-il à Phyllis sans tourner la tête. La jeune femme répondit, d'une voix tremblante mais sur un ton de défi :

— Je peux aller partout où tu iras, chacal, et même beaucoup plus loin!

Cull eut un petit sourire et se laissa glisser le long du poteau. Heureusement, celui-ci était très lisse. Bien entendu, il y avait tout de même une certaine friction, sinon ils seraient descendus à la vitesse d'un train express. Mais cette friction grâce à laquelle ils pouvaient, en serrant fortement le poteau, accomplir leur trajet à une allure normale, n'était pas suffisante pour leur écorcher mains et jambes.

Cull eut l'impression qu'ils mettaient très longtemps à atteindre le fond. En fait, la descente dura environ quatre-vingt-dix secondes, si sa façon d'évaluer le temps était correcte. Il trouva Fyodor qui l'attendait, tenant sa torche levée au-dessus de sa tête et fouillant l'ombre du regard. La lumière de la torche révélait d'autres tunnels et d'autres canaux, semblables à ceux de l'étage supérieur. Il n'y avait pas trace de la torche que Cull avait laissé tomber. Elle avait dû rebondir sur le sol et tomber dans les eaux de l'égout, à une quinzaine de mètres plus bas.

— L'air est devenu plus froid comme nous descendions, dit-il. Sentez-vous ce courant d'air? Et qu'est devenue la puanteur de tout à l'heure?

— Peut-être y sommes-nous habitués maintenant, répondit Fyodor.

— Non, elle a été remplacée par un parfum. Vous ne le sentez pas?

Fyodor secoua négativement la tête.

— Je n'ai jamais eu beaucoup d'odorat. Je suis sourd aux odeurs, si vous me pardonnez l'expression.

Mais il n'était pas sourd au son : il réagit tout aussi rapidement que Cull au mugissement qui retentit soudain.

— Pour l'amour de Dieu, qu'est-ce que c'est? demanda Cull d'une voix sourde. D'où...?

— De ce côté-ci, je crois, répondit Fyodor en désignant de sa main libre le tunnel derrière Cull.

Il tremblait des pieds à la tête et ses dents claquaient. Phyllis restait cramponnée au poteau.

— Passons par l'autre côté, dit Cull.

Un nouveau mugissement se fit entendre dans le tunnel. Celui-là venait de la direction opposée à celle indiquée par Fyodor.

Cull laissa tomber sa torche, repoussa Phyllis avec tant de force qu'il la fit tomber, et bondit pour s'agripper au poteau. Chose curieuse, celui-ci était maintenant sec au toucher; on pouvait s'y cramponner solidement. Cull grimpa, en s'aidant des genoux et des mains, pendant une cinquantaine de mètres, puis il s'arrêta pour regarder en bas. Fyodor ne l'avait pas suivi. Il restait debout près du poteau, les yeux levés vers Cull.

— Maintenant que vous savez qu'on peut remonter facilement, pourquoi ne revenez-vous pas? demanda-t-il.

— Vous n'avez pas entendu ce mugissement?

— Je n'ai pas l'intention d'abandonner maintenant. Si vous partez, je continuerai seul. Mais je me sentirais infiniment plus courageux si vous restiez avec moi.

Cull se demanda pourquoi il ne continuait pas à

grimper. Il ne se souciait guère de l'opinion de Fyodor. Peut-être avait-il simplement peur de remonter seul à la surface. A moins que la curiosité ne l'emportât chez lui sur la frayeur. Il ne serait satisfait — il le savait — que lorsqu'il aurait découvert ce qui se passait dans les entrailles de ce monde. Aussi se laissa-t-il glisser en bas. Ce faisant, il remarqua que le poteau devenait plus lisse.

Phyllis s'était relevée et tenait sa torche à la main. Elle jeta un regard méprisant à Cull qui détourna la tête.

Sous la conduite de Fyodor, ils suivirent le tunnel qui s'élargissait à chacun de leurs pas. Bientôt, la lumière des torches ne leur permit plus de distinguer l'autre côté. Tout à coup, ils se trouvèrent debout sur un rebord étroit. Cinquante mètres environ au-dessous d'eux coulait une rivière à l'eau noirâtre. Des bulles s'élevaient de ses profondeurs. Puis il y eut un remous et une tête apparut à la surface.

La tête était à peu près six fois plus grosse que celle de Cull. Sans cheveux, dominée par un front en oblique, elle était pourvue de quatre oreilles semblables à celles des éléphants et de deux énormes yeux noirs. Il n'y avait pas de nez. La bouche énorme, aux lèvres épaisses, était grande ouverte, laissant voir une rangée de dents de tigre et deux canines recourbées. La langue, d'une longueur démesurée, pendait jusque dans l'eau, et les trois humains purent constater que cette langue était couverte de centaines de minuscules dents pointues.

C'était une tête de démon car, lorsqu'elle se tourna vers eux, les yeux brillèrent à la lueur de la torche.

Cull ignorait la profondeur de la rivière et la taille du monstre. Peut-être celui-ci allait-il bondir hors de l'eau et, s'accrochant à la berge, se hisser à terre.

Juste au moment où cette pensée lui venait, le démon éleva sa main droite hors de l'eau. A vrai dire, il ne s'agissait pas d'une main mais plutôt d'une patte. Et cette patte tenait entre ses griffes une jambe humaine. Pendant qu'ils l'observaient, le monstre laissa tomber la jambe sur sa langue, qui se replia dans la caverne formée par la bouche. Puis les lèvres se fermèrent, et Cull et ses compagnons entendirent un bruit de dents qui croquaient et de mâchoires qui mastiquaient. Les yeux du monstre, larges au moins de quinze centimètres, étaient fixés sur eux avec un regard interrogateur. Ils semblaient demander : « A qui le tour? »

Lentement, les trois humains s'éloignèrent en marchant de côté, n'osant quitter le monstre du regard. Ils auraient pu s'enfuir mais craignaient qu'il ne les suive à la nage.

— Cette jambe appartient peut-être au démon à la poursuite duquel nous sommes lancés, dit Fyodor à voix très basse. Les démons se mangent entre eux. Un démon est capable de manger n'importe qui ou n'importe quoi lorsqu'il en a l'occasion.

— Ne lui donnons pas cette occasion, murmura Cull en s'éloignant davantage.

Tout à coup, le monstre ouvrit la gueule et éclata d'un rire tonitruant. Un rire! Il ne manquait plus que cela! Pris de panique, les trois humains se mirent à courir en titubant sous l'effet de la fatigue.

Ils s'assirent enfin pour reprendre haleine et tournèrent les yeux vers l'eau visqueuse. Il n'y avait plus trace du démon; mais peut-être était-il caché sous la surface.

— Il faut bien que les démons mangent, dit Fyodor quand il eut repris assez de souffle pour articuler quelques mots. Et comme ils ne peuvent trouver de chair humaine en quantité suffisante pour se rassasier...

Il désigna du doigt quelques excréments qui flottaient à la surface de l'eau et reprit :

— Ce sont probablement des nécrophages. En tout cas, ils assurent la propreté des égouts.

Sans doute avait-il raison. Mais, se dit Cull, le danger n'en était pas moins grand pour cela.

Par la suite, il apprit que ce n'étaient pas seulement des démons qui, dans ces tunnels, faisaient office de moineaux, de vautours, de chacals ou de hyènes. Tous trois s'étaient remis en marche et avaient parcouru environ trois kilomètres, quand ils entendirent un bruit de voix. Il n'y avait qu'une chose à faire : poursuivre leur route en direction de ces voix, c'est-à-dire en avant. Peu après, ils aperçurent quatre êtres humains (?) debout dans la rivière avec de l'eau jusqu'à la poitrine. Il y avait là deux hommes et deux femmes qui, tous, se couvraient les yeux de leurs mains pour se protéger de l'éclat des torches.

Tout près d'eux se trouvait la première des nombreuses îles que Cull et ses compagnons devaient rencontrer dans la rivière. Elle était de forme ovale et aplatie, faite du même métal grisâtre que le tunnel. Elle s'étendait sur une quinzaine de mètres, ne dépassant la surface de l'eau que d'environ trente centimètres.

Cull frémit à la pensée que le destin de ces êtres pourrait être le sien. Avaient-ils, eux aussi, pénétré dans les égouts pour en percer les mystères? Et, s'étant égarés, incapables de ressortir, avaient-ils été contraints d'y vivre et de manger, pour assurer leur subsistance, tout ce qui pouvait constituer une nourriture, même répugnante?

« Non, se jura-t-il, je préférerais me noyer dans cette eau visqueuse et nauséabonde que devenir comme eux : une pauvre loque trempée, condamnée à patauger et à chercher à tâtons sa nourriture parmi les déchets! »

Mais... si ceux-là avaient précisément cherché à se noyer, pour se trouver ressuscités au même endroit? S'il n'existait aucun moyen de sortir des égouts?...

Fyodor s'approcha du bord de la rivière et, se penchant au-dessus de l'eau, il dit aux quatre créatures :

— N'ayez pas peur. Nous ne vous ferons pas de mal. Au contraire, nous voulons vous aider. Nous avons une corde que nous allons vous lancer pour vous tirer de là.

— Avez-vous perdu la tête? murmura Cull d'un air farouche. Ils vont nous prendre nos vivres, peut-être même nous jeter dans la rivière et nous y laisser. Nous ne pouvons pas courir ce risque. Filons!

Les pataugeurs ne répondirent pas tout de suite.

Entre les fentes de leurs doigts croisés, ils regardaient Cull et ses compagnons; leurs yeux, sans doute, s'habituaient peu à peu à cette lumière qui, d'abord, les aveuglait. Pour eux, ces trois êtres humains ne représentaient probablement que de vagues silhouettes que leurs yeux, blessés par l'éclat de la torche, distinguaient difficilement. Mais sans doute en avaient-ils vu assez pour ce qu'ils voulaient faire. L'un des hommes se baissa pour ramasser un gros morceau de fiente qu'il lança avec force sur Fyodor. Le Slave, trop surpris par cette attaque pour s'écarter à temps, le reçut sur la barbe et sur la poitrine.

Hurlant et poussant des éclats de rire, l'autre homme et les deux femmes imitèrent leur compagnon. Cull et Phyllis se mirent hors de portée, mais Fyodor resta pris sous les projectiles.

Tremblant de tous ses membres, incapable de parler, le visage cramoisi, le vieillard demeura debout, les mains croisées sur la corde qu'il s'apprêtait à lancer. Enfin, au moment où les quatre occupants de la rivière se penchaient pour ramasser d'autres munitions, il parvint à s'enfuir.

Cull s'attendait à l'entendre jurer, mais c'étaient des prières — un peu incohérentes peut-être — que Fyodor récitait à voix basse. Il semblait implorer miséricorde pour ceux qui l'avaient attaqué alors qu'il leur offrait son aide.

— Vous les appelez de pauvres diables! protesta Cull. Mais ils ne sont pas fous. Ils sont heureux d'être ici, ils aiment ce qu'ils ont à manger! Ils n'avaient pas du tout envie que vous leur portiez secours. Vous constituiez un danger pour eux.

— Vous devez vous tromper, murmura Fyodor, ses petits yeux bleus écarquillés de surprise.

— Croyez ce que vous voudrez, répondit Cull. Mais je connais ce genre de dépravés.

— Nous devons les tirer de là, leur apporter notre aide même s'ils la refusent, insista Fyodor en s'apprêtant à retourner en arrière.

Mais il s'arrêta en entendant un cri perçant qui provenait de la rivière. Cull, à la lueur de la torche, put se rendre compte de ce qui se passait. Les habitants de l'égout, excités par l'intrusion des trois humains, avaient oublié leur vigilance habituelle. Maintenant, une tête monstrueuse apparaissait à la surface de l'eau, suivie d'un long tronc qui se terminait par des nageoires semblables à celles des marsouins. La langue du démon, longue d'un mètre, s'était enroulée autour du bras d'une des femmes. Les centaines de dents minuscules qui couvraient cette langue s'étaient plantées dans la chair, et le monstre entraînait sa proie vers le fond de la rivière. Les trois autres, hurlant et agitant leurs bras, pataugeaient en direction de l'île ovale aussi vite qu'ils le pouvaient.

Le démon disparut dans l'eau, et la tête de la femme fut engloutie à son tour. Il y eut quelques bouillonnements à la surface de l'eau, et ce fut tout.

Du moins, Cull le crut. Mais, quelques secondes plus tard, la femme reparut et se mit à nager péniblement vers l'île. Le sang ruisselait des blessures qui lui couvraient le corps, tachant de rouge l'eau noirâtre de la rivière.

Mais ses efforts furent vains. La langue s'enroula autour d'une de ses jambes; elle fut de nouveau happée en arrière et, bientôt, l'eau la recouvrit. Cull et ses compagnons attendirent quelques minutes mais ne virent plus trace d'elle.

— Maintenant, cria Fyodor aux trois autres, voulez-vous accepter notre aide?

— Allez au diable! hurla l'un des hommes.

En dépit des protestations de Fyodor, Cull le saisit par le bras et l'attira vers lui. Puis, quand le vieillard eut cessé de sangloter et retrouvé assez de calme pour l'écouter, il lui dit :

— Vous voyez bien qu'ils jouissent de leur avilissement.

— Pourquoi a-t-elle tant lutté pour défendre sa vie? demanda Fyodor. N'auriez-vous pas cru qu'elle serait heureuse de mourir?

— Non, je ne l'aurais pas cru.

— Pourquoi cela? insista Fyodor en lui jetant un

coup d'œil scrutateur. Est-ce parce que vous êtes comme eux? Seriez-vous le même si vous viviez ici?

Cull ne répondit pas.

Un moment plus tard, alors qu'il frôlait le mur du tunnel, il sursauta comme si quelque chose l'avait brûlé, ou comme si on l'avait mordu.

— Le mur est brûlant, dit-il. Enfin, pas vraiment brûlant, mais très chaud.

A partir de ce moment, il continua à marcher en s'appuyant de la main droite au mur. La chaleur persista pendant environ deux cents mètres. Puis la température du mur redevint normale durant les deux cents mètres suivants. Soudain le mur devint froid, glacé même, et des bulles d'humidité apparurent à sa surface.

Pendant deux cents mètres encore, il resta froid; puis il devint tiède. Puis, de nouveau, très chaud. Ensuite tiède. Puis froid. Et ainsi de suite.

— Une partie de ces murs doit constituer les parois de conduites d'air froid ou d'air chaud, dit Cull. C'est logique. Vous savez que beaucoup de statues de la ville renferment des bouches d'aération. Il entre de l'air chaud dans certaines et il sort de l'air froid des autres. Je l'ai toujours su, et je sais également pourquoi il en est ainsi. Nous vivons dans un monde clos sur lui-même, auquel la lumière est fournie par un soleil froid et où la chaleur est produite par les radiations émanant de milliards de corps chauds. S'il n'existait pas de moyens de refroidir l'air, nous serions tous rôtis depuis longtemps par la chaleur accumulée qui émane de nos corps.

» Mais d'où vient l'air froid? Existe-t-il de gigantesques appareils de réfrigération enterrés au-dessous de nous? Ou bien fait-on appel à d'autres moyens?

— Il y a quelque chose qui cloche dans votre théorie, lui fit remarquer Fyodor. Quand ce monde se dilate et que les villes à la surface changent de place, les conduites d'aération devraient céder. Et pourtant cela ne semble pas se produire. L'équilibre entre chaleur et froid est maintenu. Alors?...

— Voilà une remarque judicieuse, répondit Cull. Puisque l'aération n'est pas interrompue, c'est que les conduites ne cassent pas. Ou, si elles cassent, elles sont aussitôt réparées ou remplacées. Mais cela paraît peu probable étant donné l'énorme travail et la quantité de matériaux que nécessiteraient ces réparations. Sans parler du temps. C'est pourquoi...

— C'est pourquoi? insista Fyodor.

— Je suis prêt à parier que...

Cull s'interrompit en sentant le métal trembler sous ses pieds. Les yeux de Fyodor, comme ceux de ses compagnons, s'agrandirent de frayeur. Cull, qui s'était appuyé contre le mur pour maintenir son équilibre, sentit ce mur trembler à son tour. En regardant à l'intérieur du tunnel aussi loin que pouvait porter la lumière de la torche, il vit passer sur le sol une sorte d'onde métallique.

Le tunnel se mit à s'incurver. Puis, comme un élastique tendu que l'on relâche, il reprit sa position primitive. Une seconde plus tard, il repartait de l'autre côté — à moins que ce ne fût l'autre côté qui se déplaçât, ou que les deux déplacements ne fussent simultanés.

Il n'y avait aucun endroit où se réfugier. D'ailleurs, Cull et ses compagnons avaient suffisamment de mal à conserver leur équilibre et n'auraient pu s'enfuir bien loin.

Tous trois poussèrent des cris d'horreur en sentant le sol s'élever et tourner. Et ils tombèrent du sol contre le mur du tunnel, qui était soudain devenu le sol.

Ils continuèrent à hurler lorsque l'eau de la rivière se déversa sur eux, tout en s'efforçant de s'agripper au métal pour ne pas être emportés par le courant.

L'eau montait au-dessus de leur tête. Bon gré mal gré, ils durent se laisser flotter le long du mur.

Puis, tout aussi brusquement qu'elle était montée, l'eau retomba, les entraînant tous les trois, et ils se trouvèrent au sommet d'une vague qui les emportait vers l'autre mur. Cull se rendit compte de ce qui se passait. La torche de Fyodor s'était éteinte, mais lui-même s'était arrangé pour élever la sienne au-dessus de l'eau d'une main, tandis que, de l'autre, il battait l'eau pour se maintenir à la surface. Fyodor se trouvait à sa droite, à un mètre à peine, de sorte que Cull vit l'autre mur se précipiter sur lui. Mais il ne put apercevoir Phyllis.

Puis, au moment précis où il allait être écrasé, l'eau s'écarta brusquement de lui. La vitesse acquise l'amena doucement contre le mur. Il coula et se retrouva debout dans le passage qui longeait le mur. A la lumière de sa torche, il vit que Fyodor (qui se trouvait tout près de lui) était debout lui aussi, et que le tunnel se redressait. Phyllis, qui avait perdu sa torche, se tenait à quelques mètres d'eux.

Ils avaient cessé de crier mais haletaient à présent. Fyodor avait la bouche ouverte et sa poitrine se soulevait et s'abaissait à un rythme rapide, mais Cull ne pouvait pas l'entendre respirer car le vacarme de l'eau couvrait tout autre bruit.

Enfin, le tumulte s'apaisa et la surface de l'eau redevint unie et huileuse. Au bout de quelques minutes, Cull entendit Fyodor souffler péniblement.

— Voilà qui répond à votre question, lui dit Cull. Si les tunnels et les conduites ne cèdent pas, c'est que la substance dont ils sont faits est capable de s'étirer, de se plier et de se tordre comme aucun matériau fabriqué de main d'homme ne peut le faire.

— Mais n'y a-t-il pas de limites à sa possibilité de s'étirer? demanda Fyodor. On pourrait croire que...

Le sol se mit de nouveau à trembler et Cull fut pris de nausées. Il avait l'impression de se trouver à l'intérieur d'un serpent monstrueux en train d'escalader une colline escarpée. La partie du tunnel où ils se trouvaient obliquait vers le haut. Devant eux, jusqu'à une distance de deux cents mètres, le tunnel continuait de se redresser, puis il disparaissait à leur vue en décrivant apparemment une courbe descendante.

Aussitôt après, le tunnel se mit à se pencher sur le côté. Cull et ses compagnons poussèrent des hurlements en se sentant glisser en travers du passage. Mais, alors qu'ils n'avaient plus aucun point d'appui et allaient tomber dans la rivière, le tunnel se redressa. Et la rivière, qui coulait maintenant à quinze mètres plus haut que son niveau primitif, s'engouffra en mugissant sous le tunnel.

Il s'en fallut de peu que les trois compagnons ne fussent emportés par la violence du courant. Mais ils avaient réussi à grand-peine à se rapprocher du mur, aussi loin que possible de la rivière, et, bien que l'eau faillît les renverser, ils parvinrent à se maintenir sur le sol.

Avec la rapidité d'un ascenseur qui tombe, le tunnel revint à son niveau normal et commença à se redresser.

Fyodor hurla. Phyllis en fit autant.

Cull se mit à tournoyer et hurla à son tour.

La rivière, en se retirant brusquement en arrière par suite du retour du tunnel à son niveau normal, avait laissé derrière elle une redoutable épave : un démon de rivière, de ses pattes griffues, s'accrochait à la berge. Sa mâchoire inférieure reposait sur le sol du passage, et sa langue était enroulée autour de la jambe droite de Phyllis.

Cull, poussant des cris de haine et de terreur, bondit vers l'énorme tête et se mit à donner des coups de pied furieux sur l'un des gigantesques yeux. L'un des yeux? Non : l'œil. Car le monstre était un cyclope et un œil unique brillait au milieu de son front bas.

Cull frappa du pied, à plusieurs reprises, la pupille et finit par crever l'œil.

Le démon fit entendre un sifflement et déroula sa langue de la jambe de Phyllis. Son corps, qui avait les dimensions de celui d'une baleine, roula sur le sol, laissant voir une blessure d'environ trente centimètres de diamètre, un trou d'où jaillissait le sang. C'était cette blessure qui les avait sauvés, et non le fait que Cull eût rendu le monstre aveugle. Projeté contre un obstacle — probablement une île — par la violence du courant, le démon avait été mortellement blessé. En se saisissant de Phyllis, il n'avait obéi qu'à un réflexe d'agonie.

Les trois humains s'éloignèrent précipitamment. Cull se sentit frappé à la tête et hurla de frayeur. Des mottes de terre et des débris de rochers tombaient tout autour de lui.

Il fit un saut en arrière, heurtant Phyllis qui se trouvait à son côté, et leva les yeux. Dans le métal gris s'était creusé un large trou par lequel tombaient de la boue et des pierres. Mais, tandis que Cull regardait, le trou commença à se refermer : lentement les bords se rapprochèrent l'un de l'autre.

— Dans cinq minutes le trou sera bouché, dit Cull.

— Avez-vous remarqué que le métal était très chaud? demanda Fyodor.

— C'est le frottement. La chaleur provient de la dilatation et de la contraction du métal.

Ils firent quelques pas, suivis de Phyllis qui ne pouvait retenir ses sanglots. Soudain Fyodor s'arrêta :

— Il y a là un trou énorme!

Il plongea sa torche dans l'ouverture, puis la retira d'un geste vif en constatant qu'elle était sur le point de s'éteindre.

— C'est une conduite d'aération, ajouta-t-il.

De l'endroit où il se trouvait, Cull sentait l'air froid venant de la conduite. Après s'être assuré que l'ouverture était assez grande, il y passa la tête. Il y avait suffisamment de lumière à l'intérieur pour lui permettre de voir la conduite du haut en bas. A la partie supérieure, un grand carré de lumière marquait l'emplacement de l'orifice par lequel sortait l'air. Il se trouvait à une hauteur telle que la partie inférieure de la conduite aurait dû être plongée dans l'obscurité. Cependant, ce n'était pas le cas : il y régnait un demi-jour. Peut-être les parois internes de la conduite étaient-elles recouvertes d'une substance réfléchissant la lumière. De plus, de haut en bas, à portée de la main, il y avait une série d'échelons.

Cull retira sa tête et raconta à Fyodor ce qu'il avait vu. Puis il suggéra :

— Descendons au moyen de ces échelons. Nous pourrons toujours remonter si c'est nécessaire. Cette conduite descend peut-être jusqu'au tréfonds de ce monde.

Avant que Fyodor eût le temps de protester — s'il en avait eu l'intention — Cull s'était mis en devoir de descendre les échelons. Fyodor et Phyllis le suivirent sans mot dire. Au-dessus d'eux, les bords du trou par lequel ils étaient passés se rapprochaient sans bruit l'un de l'autre. Mais Cull ne pensait pas qu'il pût se refermer entièrement, car il était vraiment trop grand. Il devait y avoir des limites à la faculté de régénération de la substance grise.

Cette pensée en amena d'autres, qui firent frissonner Cull. La substance grise devait avoir été conçue pour résister à des secousses normales. Mais qu'est-ce qui provoquait à présent des secousses d'une telle violence? Qu'était devenue la cité au-dessus d'eux?

Inutile de méditer là-dessus! Mieux valait descendre le plus rapidement possible.

L'air se déplaçait vers le haut à une vitesse d'environ quarante kilomètres à l'heure; aussi Cull et ses compagnons devaient-ils se cramponner aux échelons pour ne pas être renversés. Il faisait froid. Avant qu'ils eussent atteint le fond de la conduite, leurs dents claquaient et ils avaient les doigts des pieds et des mains gelés. Cull se félicita de porter des sandales. Comme ils étaient trempés, le froid les pénétrait encore davantage. Heureusement, l'air était sec et sécha rapidement leur corps.

En arrivant au dernier échelon, ils s'aperçurent qu'ils devaient se laisser tomber d'une hauteur d'environ deux mètres cinquante sur le sol. Le fond de la conduite était le point de rencontre de quatre tunnels horizontaux. L'air soufflait avec force de chacun de ces tunnels et s'engouffrait vers l'orifice situé à la partie supérieure de la conduite. Comme la conduite elle-même, les tunnels étaient faiblement éclairés.

— Nous allons suivre le tunnel le plus proche,

décida Cull pour éviter de longues et pénibles discussions.

Il se mit en marche, les épaules voûtées pour se protéger du vent qui soufflait dans le tunnel. La torche de Fyodor s'était éteinte. La buée qui s'exhalait de leur bouche était aussitôt balayée par le vent. Cull se dit que, si la température descendait encore, tous trois seraient bientôt gelés sur place et deviendraient une proie facile pour tous les démons qui pourraient rôder en quête de nourriture dans cet Enfer glacial.

Au bout de cinq ou six kilomètres, Cull se retourna pour regarder ses compagnons, s'attendant à les trouver découragés et prêts à rebrousser chemin. Mais il n'en était rien, et Cull dut reconnaître à contrecœur qu'ils étaient plus vaillants que lui.

Tous les quatre cents mètres environ, ils arrivaient au fond d'une conduite d'air où les extrémités de quatre tunnels se joignaient à angle droit.

— Je ne comprends pas comment est installé ce réseau, dit Cull. Où vont les conduites d'aération? On pourrait croire que l'air chaud descend directement ici pour y être refroidi. Mais il semble y avoir un réseau de tunnels horizontaux juste au-dessus de ceux-ci. Peut-être l'air chaud est-il amené par des conduites horizontales avant de descendre à ce niveau-ci? Je me le demande. Et qu'advient-il de l'humidité que produit l'air en se refroidissant? Elle doit bien disparaître d'une façon ou d'une autre; sinon les tunnels seraient depuis longtemps obturés par la glace.

Fyodor haussa les épaules sans répondre. Phyllis restait silencieuse. Tous trois claquaient des dents.

Ils continuèrent d'avancer sans constater d'abaissement de la température ni d'accroissement de la vitesse du vent. Cull commençait à se dire que leur courage et leur endurance n'étaient, en fait, que de la stupidité, et qu'ils devraient remonter par une conduite d'aération. Mais il se rendit compte que cela ne servirait à rien. En effet, une fois parvenus à l'orifice au sommet de la conduite, il leur faudrait accomplir un saut qui risquait d'être mortel, puisque les bouches d'aération étaient situées très au-dessus du niveau du sol. Et, s'ils ne trouvaient pas d'autre ouverture dans la paroi de la conduite, comment pourraient-ils retourner dans le tunnel de l'égout? Selon toute apparence, le système d'aération et le réseau d'égouts étaient complètement séparés l'un de l'autre, sans qu'il y eût entre eux de communication. Alors?

— Eh bien! s'écria soudain Fyodor.

Il s'arrêta si brusquement que Phyllis, qui le suivait de près, se heurta à lui. Cull s'arrêta à son tour pour regarder avec surprise une voûte formée dans le tunnel, sous laquelle se trouvait une salle d'environ douze mètres de large. La salle était dépourvue de tout ameublement mais, à la hauteur des yeux de Cull, comme accrochée au mur qui lui faisait face, il y avait une lumière minuscule mais très brillante. Ou plutôt une étincelle, car elle n'émettait pas de rayons. Cull pénétra dans la salle et s'aperçut que l'air y était beaucoup plus chaud que dans le tunnel. Le vent ne soufflait plus. On aurait pu croire qu'ils étaient entrés dans la voûte par une porte invisible et impalpable qui se serait refermée sur eux.

Les deux autres l'avaient suivi. Mais Cull s'arrêta court. La lumière se trouvait de l'autre côté d'une fenêtre. Et celle-ci avait la forme d'un simple cercle découpé dans le mur.

Cull regarda par la fenêtre, le cœur battant car cette ouverture avait quelque chose de bizarre et d'effrayant.

Il vit le rond de lumière qu'il avait aperçu tout d'abord. Puis, à côté de lui, un autre rond. Et, beaucoup plus bas, un amas formé d'une douzaine d'autres lumières.

— Qu'est-ce que c'est? murmura Phyllis.

— Des étoiles, répondit Cull.

Les étincelles brillantes dérivaient maintenant vers la droite. Une énorme étoile bleue (distante de combien d'années-lumière?) apparut à leurs yeux. Puis, au-dessus d'elle, une nuée blanche miroitante dans laquelle s'inséraient des noyaux plus blancs encore. L'étoile bleue et la galaxie — ou la nébuleuse gazeuse — glissèrent vers la droite, et une énorme masse noire apparut à son tour. Il y avait assez de clarté pour permettre à Cull de constater que la masse devait avoir été fabriquée par des mains humaines (ou leur équivalent), car elle avait la forme d'un miroir elliptique concave et des antennes aux contours étranges pointaient tout autour de ses bords.

Elle aussi dériva vers la droite. Quelques étoiles glissèrent devant elle. Une nouvelle machine, ayant en apparence la même taille et la même configuration que la première, apparut. Puis d'autres étoiles, en petit nombre. Une autre machine. Quelques étoiles. Une machine encore. Ou bien était-ce une de celles qu'il avait déjà vues?

— Nous sommes en train de regarder par l'orifice percé dans la coque d'un satellite artificiel, dit Cull. Mais un satellite de quoi? De notre galaxie?

— Je ne comprends pas, dit Fyodor.

— Moi non plus, répondit Cull.

Il tendit un doigt vers la fenêtre, et le doigt passa *au travers.* Il s'attendait à le sentir geler par cette température qui approchait du zéro absolu. Mais il n'éprouva ni chaleur ni froid. Simplement une sensation de résistance. Son doigt dépassait de la fenêtre d'environ un centimètre lorsqu'il commença à rencontrer cette résistance. Cull le retira et frappa du poing dans la substance invisible. Le poing déborda de la fenêtre jusqu'à la hauteur du poignet et fut immobilisé. Cull le retira.

— Cette coque ou cette enveloppe, quelle qu'elle soit, semble enclore ce monde tout entier, dit-il. Si c'est le cas, elle doit permettre la dispersion de la chaleur — sauf à proximité immédiate de cette fenêtre. C'est de cette façon que l'air chaud à l'intérieur se refroidit : par contact avec l'enveloppe froide de ce... monde... ou de cet Enfer si vous préférez.

— A quoi peuvent bien servir ces appareillages... ces machines qui flottent là-haut? demanda Phyllis.

Cull haussa les épaules. Pendant un long moment,

en silence, tous trois regardèrent tournoyer l'univers. Un moment, le sol et les murs tremblèrent et ils comprirent que la terre et les rochers au-dessus d'eux (ou plutôt situés à l'intérieur) devaient être en train de se déplacer.

Quand la secousse eut pris fin, Cull dit à ses compagnons :

— Il vous est certainement arrivé de parler avec les gens qui ont vécu sur la Terre dans l'ancien temps? Ils disaient que ce monde était plat. Puis il a été refaçonné, au cours d'une série de cataclysmes, pour arriver à sa forme actuelle. Un peu plus tard, il a commencé à entrer en expansion. Cela se passait à peu près à l'époque où sont arrivés ici les gens qui vivaient dans la deuxième moitié du XXe siècle.

Fyodor ne répondit pas. Phyllis continua à regarder à l'extérieur.

Un grondement sourd retentit dans le tunnel et la salle trembla de nouveau.

— Sortons d'ici, dit Cull. Je crois que nous avons découvert tout ce que nous pouvions découvrir.

Ils repartirent par où ils étaient venus. Mais, en arrivant au deuxième point de jonction des tunnels, ils comprirent la cause du vacarme. Des blocs de rochers étaient tombés dans la conduite d'aération, bouchant le passage dans la direction où ils allaient.

Sans perdre de temps, Cull retourna à la conduite précédente. Ses compagnons et lui se débarrassèrent des sacs de nourriture et des récipients d'eau, pour ne garder que les cordes, deux torches et des allumettes. Puis ils sautèrent pour s'agripper à l'échelon le plus bas, se hissèrent jusqu'au suivant et se mirent à grimper le long de la conduite. Arrivés à peu près au quart du parcours, ils durent cesser de grimper et s'accrocher plus solidement aux échelons, car les parois de la conduite oscillaient de nouveau. Au-dessus d'eux, il y eut un bruit d'explosion et des fragments de rochers se mirent à tomber. Heureusement, la fissure d'où ils provenaient s'était formée du côté opposé à celui où ils se trouvaient, et les pierres ne les atteignirent pas. Du moins Cull crut-il que la cassure s'était produite du côté opposé au leur, jusqu'au moment où il arriva à cet endroit. Il constata alors que la conduite s'était fendue sur les trois quarts au moins de sa circonférence. L'extrémité déchiquetée de la fente aboutissait entre les échelons. S'ils osaient s'y risquer, Cull et ses compagnons avaient le temps de se glisser par l'ouverture dans un tunnel horizontal. Cull décida de le tenter.

Fyodor le suivit à faible distance.

Phyllis passa juste au moment où l'ouverture commençait à se refermer. Son pied frotta contre l'arête déchiquetée et se mit à saigner.

Cull ne s'attarda pas à examiner la blessure mais se mit rapidement en marche dans le tunnel. Ils se trouvaient — lui semblait-il — suffisamment près de la surface pour pouvoir repérer une sortie. Il était heureux pour eux que cette fissure se fût produite, car Cull se voyait mal grimpant avec ses compagnons jusqu'en haut de la conduite pour s'y trouver pris au piège, ne pouvant redescendre à terre sans avoir à sauter d'une hauteur de trente mètres, sinon même de trois cents.

Son calcul était juste. Ils arrivèrent bientôt à un poteau qui montait dans une cheminée d'une vingtaine de mètres de hauteur, aboutissant à un autre tunnel. A l'extrémité de ce tunnel, il y avait de la lumière. Ils se dirigèrent vivement de ce côté mais s'arrêtèrent avant d'arriver au but.

Devant eux s'alignait une longue rangée de statues de pierre.

Des idoles. Des idoles brisées.

La première de ces statues grossièrement taillées dans le roc représentait un être semi-humain, en position accroupie. Sous le ventre ballonnant on voyait d'énormes organes sexuels mâle et femelle, l'organe femelle se trouvant juste au-dessus de l'organe mâle.

Les deux idoles suivantes avaient une apparence plus humaine et n'étaient pas hermaphrodites. Le mâle arborait un gigantesque phallus. La femme avait d'énormes seins, un abdomen gonflé, des cuisses et des jambes très fortes. Ces deux-là, ainsi que l'idole androgyne, étaient les seules de toute la rangée à posséder une tête. Les autres statues ne consistaient qu'en des débris de bustes dont les têtes gisaient sur le sol.

A en juger d'après les fentes qui encerclaient les cous épais et courts des trois premières statues, il était évident que leurs têtes avaient elles aussi, à une certaine époque, été séparées de leurs troncs. Mais elles avaient été replacées sur leurs cous respectifs. Cull supposa qu'on avait utilisé à cet effet une sorte de substance collante. Cela signifiait que ce travail avait été fait par des démons, car des humains n'auraient pas pu se procurer de colle aussi forte.

Ses compagnons et lui passèrent silencieusement en revue les rangées de statues, défilant devant des torses humains ou à demi humains; devant des têtes de taureaux, de lions, de faucons, d'ibis, de chacals; devant des bustes de dieux et de déesses, et aussi de démons à six bras, ou à quatre bras et huit jambes; devant des têtes aux visages imberbes ou barbus qui gisaient sur le sol.

A quatre reprises ils se trouvèrent en présence de corps d'hommes raides et momifiés appuyés contre le mur. Ceux-là avaient une tête.

Puis, au bout de la rangée, près de la sortie du tunnel, ils virent une tête.

La tête de X, arrachée depuis peu de son corps, gisait à terre et les regardait fixement.

Fyodor se mit à sangloter.

— Trêve de pleurnicheries! lui dit Cull. Nous avons des choses plus importantes à faire : il nous faut découvrir ce que signifie tout cela.

Passant devant la tête, il gagna la sortie du tunnel. Il vit qu'il se trouvait sur le versant d'une colline, à l'extérieur des murailles de la cité. Et celle-ci ressemblait à un champ de bataille. Les murs tombés vers l'extérieur avaient découvert dans leur chute des tours écroulées, d'énormes bâtiments effondrés. Les gigantesques blocs de pierre qui constituaient les murailles et les tours avaient glissé et s'étaient séparés comme s'ils eussent été faits de carton-pâte. Et les blocs de pierre formant les statues et les cylindres qui entouraient les conduites d'aération s'étaient écroulés, laissant à découvert la substance grise, repliée et tordue.

Toute la surface du désert était fendue, crevassée. Une large fissure en zigzag, partant de dessous la cité, traversait la plaine et disparaissait à la vue. Et il y avait des milliers de crevasses plus petites et plus minces.

Brusquement, le tunnel d'où les trois compagnons venaient de déboucher se mit à se tordre comme une anguille, et le bruit de tonnerre produit par la secousse résonna à l'intérieur de ses parois comme dans un haut-parleur titanesque. Pourtant, dominant ce vacarme, Cull perçut un rire aigu, semblable à celui d'une hyène. Ces explosions de gaieté se déchaînaient à un mètre à peine derrière lui.

C'était un démon qui se livrait à cet accès d'hilarité. Le démon même qui s'était enfui dans les tunnels de l'égout en emportant la tête de X. Il se tenait debout tout près de Cull, les mains sur les hanches, la tête rejetée en arrière, la bouche grande ouverte. Et il riait à gorge déployée.

Avant que Cull eût décidé ce qu'il allait faire, Fyodor, le repoussant de côté, se jeta sur le démon. Il le fit rouler à terre et se mit à lui cogner la tête contre le sol en hurlant :

— X! Pourquoi X? Qui est-il?

Cull courut à eux et, s'accroupissant, saisit les bras du démon pour aider Fyodor à le maintenir au sol. Soudain, le démon cessa de rire; des larmes jaillirent de ses yeux et il se mit à sangloter.

Fyodor, sous le coup de la surprise, cessa de lui cogner la tête sur le sol. Cull n'était pas moins étonné que son compagnon, car il n'avait jamais vu pleurer un démon.

— Hommes, s'écria le démon à travers ses larmes, je sais certaines choses que vous ignorez. Mais il y en a beaucoup que je ne connais pas. Et je suis, en fait, aussi dépourvu de ressources et d'espoir que vous-mêmes.

— Où veux-tu en venir? demanda Cull.

— Eh bien, je ne suis pas un démon. Du moins pas au sens où vous l'entendez. J'appartiens à une race, à une espèce, qu'on pourrait qualifier d'extra-terrestre. Les habitants de notre planète ressemblent physiquement à ceux de la vôtre. La différence est que, sur notre monde, beaucoup d'êtres ont été pourvus de formes auxquelles la Nature ne les avait pas destinés. Manipulations génétiques, transmutation directe des configurations protoplasmiques entraînent ces modifications de leur apparence. Pour agir ainsi, nous avons des raisons que je n'ai pas l'intention de vous exposer.

Cull commençait à ressentir des nausées, sous l'effet combiné du roulis, du tangage et du mouvement de lacet qui se produisait dans le tunnel. Mais il s'efforçait de ne pas y penser, car il tenait à connaître tout ce que le démon avait à leur apprendre.

— Ce lieu, pour nous aussi, est l'Enfer, reprit ce dernier. Mais nous ne sommes pas très nombreux ici parce que nous avons cessé d'exister sur notre planète. Notre race s'est éteinte il y a longtemps, juste au moment où nous commencions à nous civiliser — du moins au sens où nous entendions ce mot, et qui n'est pas celui que vous lui donnez.

— C'est bon, c'est bon! interrompit Cull. Mais que sont les objets qui entourent cette sphère? Qui les a placés là, et à quoi servent-ils?

— Qui? hurla le démon. Les Autres! Les Autres!

— Quels Autres? hurla Cull en écho.

Le mugissement et les cris qui venaient de l'extérieur étaient assourdissants. Et les contorsions du tunnel devenaient de plus en plus fortes.

— Une autre espèce d'êtres intelligents, infiniment plus anciens qu'aucun d'entre nous, incomparablement plus instruits et plus puissants! Nous les avons offensés, et c'est là notre châtiment!

— Mais nous, cria Cull, qu'avons-nous fait?

— Vous les avez offensés vous aussi. Autrefois, il y a très longtemps.

— De quelle manière? Nous ne les connaissons même pas!

— Ce sont vos premiers ancêtres qui ont commis l'offense!

— Mais comment cela? Et qui sont ces Autres?

— Je ne peux pas vous le dire! Non, je ne le peux pas! Cela fait partie de notre châtiment. Nous avons été transformés, inhibés. Nous subissons une contrainte. Ce que nous savons, il nous est interdit de vous l'apprendre! Je vous ai dit tout ce qu'il m'était possible de dire. Et, sous l'empire de la frayeur, j'ai même parlé plus que je n'aurais dû le faire!

— Mais que sont ces machines qui entourent cette sphère? Que signifie notre résurrection physique en ce lieu? Comment et pourquoi ce monde a-t-il été fabriqué?

— Ce monde n'est ni métaphysique ni surnaturel. C'est un monde physique, qui obéit à des lois et à des principes que nous connaissons. Il y a certaines lois que nous ignorons, mais Eux les connaissent! Ils possèdent la Puissance! La Puissance dont nous aurions été investis nous-mêmes si notre propre arrogance et notre folie ne nous en avaient dépossédés! La Puissance que vous, êtres de la Terre, pourriez détenir si vous réussissiez à vaincre votre sottise!

— Dis-moi ce que nous devons faire! cria Cull.

Mais Fyodor s'était remis à cogner la tête du démon sur le sol en hurlant :

— X! X! Parle-moi de X!

Tout à coup, avec cette instabilité d'humeur et cette impulsivité dans le comportement qui caractérisaient ces créatures, le démon se mit à rire. Non plus d'un air hystérique, mais sous l'empire d'une franche gaieté.

Il rit à s'étouffer. Puis, se ressaisissant, il cria :

— Me croiriez-vous si je vous disais que X était un traître à la cause des humains? Qu'il nous avait aidés parce qu'il voulait vous tourmenter en vous laissant caresser un vain espoir?

— Non, je ne le croirais pas! hurla Fyodor.

— Et me croiriez-vous si je vous disais qu'il est le Sauveur en qui vous mettez votre espoir; mais que, dans cet univers clos, il doit agir selon les ordres que lui donnent les Autres et obéir à leurs lois?

— Non! Non! répéta Fyodor.

De nouveau le démon se mit à rire avant de reprendre :

— Et me croiriez-vous si je vous déclarais que tout ce que je vous ai raconté n'est que mensonge? Que tout ce que je vais vous dire à présent ne sera que mensonge aussi? Ou que peut-être il se glissera une ou deux vérités au milieu de ces mensonges? Pourquoi ne me croiriez-vous pas? Vous autres, Terriens, et votre vérité! Vous me rendez malade! Qu'est-ce que la vérité?

Cull aurait voulu pouvoir le tuer à l'instant même. Il perdait la tête, et Fyodor aussi. Ce dernier, saisissant le démon à la gorge, cherchait à l'étrangler. Son visage était aussi rouge que celui du démon. Cull se leva en chancelant et tenta de piétiner la face du démon. Il souhaitait sentir les os craquer sous ses pieds; il aurait voulu lui écraser le nez, lui casser les dents, lui percer le tympan, lui crever les yeux...

Il y eut un vacarme semblable à celui que ferait, en s'abattant, un arbre gigantesque. Cull fut projeté contre la paroi du tunnel. Bien qu'étourdi par le choc, il se rendit compte que cette portion du tunnel avait été arrachée et précipitée de côté vers le bas de la colline.

Le tunnel roula plusieurs fois sur lui-même. Ses occupants : Fyodor, Phyllis, le démon, Cull, les bustes de pierre, les têtes des statues, les corps momifiés, la tête de X, roulèrent en même temps que lui. Le tunnel cylindrique descendit la pente de la colline, tandis que ses occupants glissaient et tombaient les uns sur les autres à l'intérieur. Comment ne furent-ils pas écrasés par les statues? Cull se le demanda.

Le fait est qu'ils furent épargnés, bien qu'à un moment une des idoles passât si près de Cull qu'elle lui érafla l'épaule. Ils ne furent pas écrasés; mais les jambes de Cull s'empêtrèrent dans celles du démon, et ce dernier l'empoigna et le maintint fermement, le réduisant à l'impuissance.

— Tu vois, joli petit homme! claironna-t-il. Ce monde est l'Enfer! C'est bien un monde surnaturel. Ce que tu as vu par la fenêtre était une illusion, créée pour te pousser à continuer ta recherche de la vérité et d'un moyen d'évasion!

» Mensonges! Mensonges! Mensonges! Mais peut-être y a-t-il une vérité, ou une parcelle de vérité, dissimulée au milieu de ces mensonges!

Tout à coup, il y eut un fracas et le tunnel cessa de rouler sur lui-même. Le démon fut brusquement séparé de Cull. Avant que ce dernier pût reprendre ses esprits, le démon bondit, se pencha vers lui et le mordit sauvagement à l'épaule.

Sur le moment, Cull était encore trop abasourdi pour ressentir la douleur; peu après, celle-ci devint véritablement intolérable.

— C'est la marque de Caïn! cria le démon, la bouche pleine de sang. La signature de Satan, la morsure de Baal, comme tu voudras! Embrasse pour moi ton ami le chercheur de X au crâne chauve! Dis-lui que X vit toujours, et qu'il lui apportera le salut et lui donnera le paradis s'il réussit à le trouver!

» Mensonges! Mensonges! Mensonges?... Peut-être!... Au revoir, frère!

Poussant des hurlements de loup, il s'enfuit en courant du tunnel à travers le désert en révolution. Mais il n'alla pas loin. A côté de lui s'ouvrit brusquement une crevasse qui progressa en zigzaguant devant leurs yeux, s'élargissant au fur et à mesure qu'elle avançait et projetant des ramifications de tous côtés. L'une de celles-ci s'ouvrit sous les pieds du démon. Il leva les bras en l'air, tourna sur lui-même dans un effort pour fuir, mais ne put se dégager à temps et tomba à la renverse, la bouche ouverte pour pousser un rugissement que, sans ce vacarme de tonnerre, les trois humains auraient pu entendre. Il disparut dans la crevasse, battant l'air des pieds une dernière fois.

Aussitôt après, le tunnel fit une embardée, comme soulevé sur la crête d'une vague qui aurait traversé la plaine.

La portion de tunnel fracassée se mit à tournoyer. Ses trois occupants réussirent, en bougeant les pieds, à se maintenir debout en équilibre, tels des écureuils à l'intérieur d'une roue de pierre.

Mais ils ne purent poursuivre longtemps, car leurs jambes leur faisaient mal et il leur fallait ralentir. Alors le mouvement de rotation gagna de vitesse sur eux, les entraîna vers le haut et les projeta contre les parois, puis de nouveau à terre. Et ainsi de suite.

Soudain ils s'arrêtèrent avec fracas.

Pendant quelques minutes ils restèrent étendus à plat sur le sol, geignant et se lamentant. Mais bientôt Cull se remit sur pied et dit en haletant :

— Il faut nous débarrasser de ces statues! Jusqu'à présent nous avons eu de la chance. Mais si ce tunnel recommence à rouler sur lui-même, nous pourrions bien en avoir moins la prochaine fois.

Phyllis sanglotait, étendue par terre; Fyodor s'était péniblement relevé. Son corps était couvert de contusions et de sang et son visage n'était plus qu'une masse rouge et informe. Cull savait qu'il n'avait pas meilleur aspect. Il appréciait les efforts que faisait le petit Slave pour se mettre debout, car ses propres muscles lui semblaient agglutinés les uns aux autres à la suite des chocs subis. Pourtant, il se contraignit à bouger et à empoigner les statues pour tenter de les entraîner vers l'entrée du cylindre. Elles étaient excessivement lourdes et présentaient des arêtes pointues qui ne permettaient pas de les déplacer facilement. Ce ne fut qu'à l'aide de poussées et de tractions combinées que Fyodor et lui parvinrent à faire reculer la première statue jusqu'à l'extrémité du fragment de tunnel. Le corps de la statue était très gros et la tête, celle d'un crocodile, présentait de longues mâchoires formant un angle droit avec le corps. La difficulté venait du fait que, chaque fois qu'elle touchait le sol, il fallait soulever la partie supérieure de la statue en se servant des mâchoires comme levier. Heureusement, Cull et Fyodor n'eurent à faire rouler que trois fois la statue sur elle-même pour la sortir du cylindre.

Haletants, exténués, ils restèrent un moment debout face à face. Aucun d'eux ne voulait faire le premier geste pour reprendre le travail.

— Encore deux à expédier, dit Cull.

Il jeta un coup d'œil hors du cylindre, espérant découvrir quelque autre refuge dans lequel il fût possible de se tenir sans avoir à déplacer des masses de pierre. Un refuge qui ne fût pas ouvert à ses deux extrémités et ne se mît pas à rouler sur lui-même à la moindre impulsion. Un refuge dans lequel il pût se blottir confortablement et se sentir en sécurité...

Ce qu'il vit à l'extérieur l'épouvanta. La force qui avait fait tournoyer leur cylindre sur lui-même avait également arraché de gros blocs de sable et de pierre et les avait entassés les uns sur les autres. Le cylindre où se trouvaient Cull et ses compagnons s'était arrêté près de la crête de l'une des vagues de terre, immobiles à présent. Plus loin, s'étendaient des rangées alternées de terre, de sable et de rochers effrités, entremêlés de tubes de métal déchiquetés et d'énormes blocs de granit, de basalte et de diorite autrefois empilés en ordre régulier pour former les immenses édifices. Ces édifices eux-mêmes, bien que taillés dans de gigantesques blocs erratiques, étaient maintenant en ruine. Quelques-uns restaient encore en position verticale, mais d'autres gisaient sur le côté, d'autres encore étaient complètement renversés. Certains même étaient à demi enterrés et seule leur partie supérieure, leur côté ou leur base, selon les cas, dépassaient des crevasses.

Un peu partout des corps d'êtres humains et de démons, ou des parties de corps, gisaient là où des rochers les avaient écrasés. Des arbres de roc arrachés du sol étaient disséminés çà et là. Sous la violence du choc auquel ces arbres, pratiquement indestructibles, avaient été soumis, certains s'étaient fendus en deux ou avaient même volé en éclats.

— Qu'est-ce qui a bien pu provoquer cela? gémit Fyodor qui se tenait derrière Cull. Qu'est-ce qui amène la fin du monde?

— Quelque chose ralentit la rotation de la coque qui forme l'enveloppe périphérique de ce monde, répondit Cull. Et, chaque fois que la coque ralentit son allure, les roches et le sable qui se trouvent sur sa face interne glissent dessus, en ayant tendance à s'entasser par endroits. Le frottement causé par le glissement de ces roches et de ce sable produit également de la chaleur. Avez-vous remarqué combien il fait chaud?

» Débarrassons-nous des deux autres statues, ajouta-t-il. La rotation peut se ralentir à nouveau d'une minute à l'autre ou, au contraire, s'accélérer. Dieu sait ce qui va se passer!

— A quoi bon lutter? répondit Fyodor d'un ton morne. De toute façon nous serons réduits en miettes comme eux...

Il désigna du doigt plusieurs corps qui gisaient près d'eux et sur lesquels on aurait dit qu'un rouleau compresseur, puis une herse étaient successivement passés.

— Peut-être n'avons-nous aucune chance de nous en tirer, répliqua Cull, mais nous devons agir comme s'il nous en restait une.

— Pourquoi donc serions-nous épargnés? demanda Fyodor. Nous sommes des pécheurs.

— Des pécheurs! gémit Phyllis en écho. Oui, nous avons péché et, à présent, il nous faut expier.

— Bouclez-la, tous les deux! s'écria Cull. Si vous ne cessez pas immédiatement de pleurnicher au lieu de m'aider à évacuer ces statues, je vous fais sortir à coups de pied dans le derrière! Qu'est-ce qui vous prend? Vous voulez vous suicider? Vous savez pourtant que c'est un terrible péché! Eh bien, si vous restez assis là sans rien tenter, cela équivaudra à vous donner la mort. A quoi pensez-vous donc, Fyodor? Vous qui avez réussi à me convaincre de ne pas abandonner, vous voilà tout à coup sans courage!

— C'est l'Apocalypse, marmonna Fyodor, les lèvres crispées, les yeux exorbités. Le Jour du Jugement! Qui pourrait subsister devant la colère de Dieu?

— Vous ne savez rien de la colère de Dieu! répondit Cull. Aidez-moi à enlever ces idoles, sans quoi c'est la mienne que vous sentirez!

— Je peux partir, répondit Fyodor. Je n'ai pas peur de vous.

— Bon, riposta Cull. Maintenant, allez-vous m'aider? Me prêter assistance, à moi votre prochain?

Sans ajouter mot, il se pencha et se mit en devoir de pousser une des statues. Fyodor, tout en continuant à sangloter, vint à son aide. La seconde statue était moins grande que la première et n'avait pas, comme celle-ci, d'angles saillants. En grognant et en haletant, ils parvinrent à la traîner jusqu'à l'embouchure du cylindre.

La troisième statue était la plus grande de toutes, la plus éloignée de l'entrée, et sa main pendait comme si elle eût voulu s'agripper au métal pour ne plus le lâcher. Les deux hommes la déplacèrent lentement, faisant une halte entre chaque effort. Se tournant vers Phyllis, Cull, après lui avoir lancé quelques injures, lui enjoignit de se lever pour venir les aider. La jeune femme poussa un gémissement et releva la tête pour regarder Cull à travers les cheveux blonds, sales et emmêlés, qui retombaient sur son visage en mèches folles. Elle avait les joues couvertes de sang, les lèvres enflées à la suite d'un coup qu'elle avait reçu, et l'un de ses seins était à demi recouvert par une tache d'un rouge noirâtre.

— Je suis terriblement fatiguée, geignit-elle. Je ne peux pas vous aider. Et puis à quoi bon lutter? Fyodor a raison : nous avons mérité notre destin funeste.

Cull posa son pied sous l'épaule de la jeune femme pour la soulever et, en même temps, lui décocha un coup qui la fit rouler à terre sur le dos. Elle le regarda avec égarement.

— Relève-toi, sale putain! lui dit-il. Jusqu'à présent tu as obtenu tout ce que tu voulais dans la vie en te couchant sur le dos, mais maintenant c'est fini!

Elle voulut lui cracher au visage, sans y réussir.

— Tu ne penses qu'à sauver ta sale peau, fit-elle d'une voix rauque. Pourquoi ne meurs-tu pas? Pourquoi n'achèves-tu pas ta misérable existence?

— Parce que je ne le veux pas, répondit Cull. Maintenant, lève-toi.

Il se pencha en avant, la prit sous les aisselles et la mit debout. Elle chancela et serait tombée si Cull ne l'avait soutenue. Une sueur froide et gluante lui inondait le corps. Elle tremblait, et on sentait la frayeur suinter par tous les pores de sa peau.

— Je ne voulais pas dire cela! sanglota-t-elle. Mais j'en ai trop vu : je n'en peux plus! Je souhaite seulement que tout cela finisse!

— Moi non plus je n'avais pas l'intention de te blesser, dit Cull. Mais il fallait trouver quelque chose pour t'obliger à agir. Maintenant, viens nous aider. Chaque petit effort contribue au résultat final.

Mais Phyllis ne leur fut pas d'un grand secours. La première fois qu'ils essayèrent de faire rouler la statue, les mains de la jeune femme glissèrent et elle tomba sur la pierre.

— Je me suis fait mal, pleurnicha-t-elle.

— Essayons encore une fois et ce sera tout, dit Cull en l'aidant à se relever.

En conjuguant leurs efforts, ils parvinrent à soulever la statue. L'idole roula, lentement, puis s'immobilisa avec fracas. Elle était à demi sortie du cylindre.

— Encore une fois, dit Cull, mais sans enthousiasme.

Il se rendait compte que les forces lui manquaient et qu'avec ses forces sa volonté d'agir avait disparu aussi. Pourtant, il ne pouvait plus abandonner maintenant, sous peine de perdre tout le bénéfice de ses précédents efforts.

Il enjamba la statue et sortit du cylindre. Dehors, une poussière épaisse le fit tousser. Il avait l'impression qu'une main chaude pressait ses poumons. Mais il parvint à s'empêcher de tousser et à retenir les spasmes qu'il sentait monter en lui.

Se baissant, il saisit entre ses mains la tête de l'idole et dit à ses compagnons :

— Poussez pendant que je tirerai. De cette façon, nous réussirons à la mettre dehors.

Fyodor haletait, mais, avec l'aide de Cull, il réussit à faire glisser la statue sur le sable, hors du cylindre. A eux deux, ils faisaient rouler la statue plus vite qu'il ne l'aurait cru possible, bien qu'elle fût encore plus difficile à déplacer sur le sable.

Cull se releva en disant, d'un ton qu'il voulait rendre triomphant :

— Voilà : elle est dehors. Je vous avais bien dit que nous...

Il s'interrompit en sentant sous ses semelles de petites vibrations, signes avant-coureurs de nouvelles secousses à venir. Il sauta par-dessus la statue pour regagner le cylindre et passa en courant devant Fyodor et Phyllis pour aller se placer au centre. Puis il se retourna vers eux en criant :

— Venez ici! Dépêchez-vous!

Il se coucha sur le sol et, quand les deux autres furent près de lui, il leur dit :

— Mettez-vous par terre! Vous, Fyodor, asseyez-vous de ce côté de façon que je puisse m'accrocher à vos chevilles. Toi, Phyllis, étends-toi de l'autre côté, en te tenant à mes chevilles.

Déjà, tous trois sentaient le cylindre trembler.

— Quand nous commencerons à rouler, raidissez-vous, dit Cull. Nous devrions essayer de former une sorte de support rigide pour éviter de glisser dans tous les sens. Accrochez-vous bien. Cette secousse va être la plus forte que nous ayons encore jamais connue : je le sens!

A peine avait-il fini de parler que le cylindre se mit à tanguer et à rouler. Il décrivit un demi-tour sur lui-même, lentement, si lentement que Cull compris que ses compagnons et lui ne pourraient pas se tenir raidis comme il l'aurait voulu. Quand ils atteindraient le sommet du cylindre et que le bas deviendrait le haut, ils ne pourraient manquer de tomber comme des masses.

Mais, avant que le cylindre eût achevé son demi-tour sur lui-même, un grondement sourd, suivi d'un rugissement, se fit entendre et une nuée de poussière pénétra à l'intérieur, les aveuglant. Le cylindre se mit à tournoyer à une vitesse telle que Cull s'en rendit compte seulement lorsqu'il eut accompli deux ou trois tours. Il devait évoluer maintenant à la vitesse d'un tour par seconde, estima-t-il. Ses compagnons et lui-même tournoyaient si vite que la force centrifuge les plaquait contre la paroi du cylindre. Ils n'auraient pu bouger, même s'ils l'avaient voulu.

Que se passerait-il si le cylindre, roulant à cette allure, heurtait un obstacle? Ils seraient écrasés. Leurs os seraient broyés, leur chair aplatie de façon intolérable.

Cull s'aperçut alors que le choc sourd et les cahots qui accompagnaient tout d'abord la course précipitée du cylindre avaient pris fin. Le mouvement de rotation était maintenant régulier, comme si le cylindre s'était déplacé dans l'air.

Il tourna la tête et ouvrit les yeux pour regarder par l'embouchure. Tout d'abord ses yeux brûlants et larmoyants ne distinguèrent que de la poussière. Puis, pendant quelques secondes, la poussière disparut, balayée par le vent, et il put regarder au-delà des nuages grisâtres qui tournoyaient.

Cull eut de la peine à en croire ses yeux, tant ce qu'il voyait était inattendu et étrange.

Mais il reprit conscience des choses. Et il comprit que, si leur course lui paraissait aussi régulière que si elle s'était effectuée dans l'air, c'est qu'ils étaient effectivement dans l'air.

Par le passage momentanément laissé libre entre les nuages de poussière, il vit le sol. Ou, plutôt, la surface interne de la sphère qui formait l'enceinte dans laquelle leur monde était enclos, la limite entre eux et l'espace intersidéral. Les parois de la sphère étaient maintenant débarrassées du sable, des pierres et des tunnels qui les recouvraient auparavant, et une substance grisâtre et opaque apparaissait à leur place.

Mais qu'était devenue la couche de sable et de pierres dont le sol était autrefois recouvert? Elle avait disparu, entraînée dans l'atmosphère comme eux-mêmes y avaient été entraînés.

La sphère devait avoir acquis une vitesse accrue, sous l'effet d'une force incroyablement grande. Puis, tout aussi rapidement et d'une manière tout aussi incroyable, elle avait ralenti son allure ou peut-être même s'était arrêtée complètement. Et la couche de silice dont l'intérieur de la sphère était recouvert, ainsi que tous les êtres qui se trouvaient dessus et les bâtiments où ils demeuraient, avaient été entraînés eux aussi.

Arrachés de la surface et expédiés en l'air. Et, si ce que supposait Cull était vrai, ils ne retomberaient pas. Car, si la sphère avait cessé de tourner et si la force centrifuge, qu'il avait prise autrefois pour la gravité, avait cessé de s'exercer, ni lui ni les millions d'êtres et d'objets qui se trouvaient à présent dans l'atmosphère ne retomberaient.

Ils continueraient leur course dans la direction qu'ils suivaient actuellement, jusqu'au moment où ils entreraient en collision avec un autre objet. Alors, obéissant à la deuxième loi de Newton, ils dévieraient dans une autre direction à une allure qui serait ralentie ou accélérée, le vecteur résultant dépendant des vecteurs d'origine des deux objets en présence.

Leur allure se ralentirait légèrement, parce qu'ils ne se trouvaient pas dans le vide presque absolu de l'espace mais dans une atmosphère épaisse. Le frottement de l'air ralentirait la vitesse du cylindre. Mais Cull doutait que ce fût suffisant. Sur un parcours en ligne droite, le cylindre irait finalement se fracasser contre la paroi interne de la sphère, et ses occupants seraient écrasés.

Mais Cull se rendit compte qu'en fait ils mourraient bien avant l'arrêt définitif. Dès à présent le mouvement giratoire chassait le sang de son cerveau, ainsi que de la partie antérieure de son corps, pour l'amener vers la partie postérieure. Il se sentait défaillir. Bientôt il perdrait conscience, puis son cerveau privé d'oxygène sombrerait; lui-même cesserait de respirer et il...

Jack Cull revint à la réalité et comprit que, pour le moment du moins, ses compagnons et lui étaient sains et saufs. Le cylindre ne tournait plus. Il était étendu avec Phyllis à demi couchée sur lui et les pieds de Fyodor touchant sa tête. Il vit Phyllis battre des paupières et le regarder d'un air hébété.

— Que s'est-il passé? demanda-t-elle d'une voix faible et empâtée.

— Quelque chose a arrêté notre course, répondit-il.

L'intérieur du cylindre n'était que faiblement éclairé, mais ce n'était pas de la poussière qui empêchait la lumière d'y pénétrer. Des filaments brunâtres semi-gélatineux se faufilaient vers eux en provenance des deux embouchures. Cull ne les identifia pas tout d'abord mais, lorsque des filaments se trouvèrent assez près de lui pour qu'il pût les tâter d'un doigt prudent, il sut aussitôt de quoi il s'agissait.

— Nous sommes à l'intérieur d'un nuage de manne, dit-il. Nous avons dû entrer en collision avec lui juste au moment où il se formait. Comme il est assez mou, nous nous sommes arrêtés en douceur.

Il ajouta avec un petit rire amer :

— Maintenant, tout ce que nous pouvons redouter, c'est de mourir étouffés.

— Peut-être pourrions-nous nous frayer un chemin en mangeant la manne qui se trouve sur notre passage? suggéra Fyodor.

Jack Cull se mit à rire de nouveau, sans pouvoir réprimer cet accès de gaieté intempestive.

Phyllis, se redressant sur son séant, le gifla de

toutes ses forces. Le résultat de cette intervention fut aussi effrayant qu'inattendu : sa paume entra bien en contact avec le visage de Cull, mais elle-même s'éleva en l'air en tournant sur elle-même et alla se cogner contre la paroi opposée. Elle rebondit de quelques centimètres, en biais, et se mit à lutter désespérément pour redescendre. Mais elle ne parvint qu'à se mettre la tête en bas et à se laisser entraîner vers le nuage de manne à l'autre extrémité du cylindre.

Cull fut aussi surpris qu'elle, bien qu'il n'y eût là rien qui dût l'étonner. La force du coup que lui avait donné Phyllis l'avait fait décoller de quelques centimètres du sol et l'entraînait dans la direction opposée à celle de la jeune femme. Il glissa lentement au-dessus du sol avant de pénétrer dans le nuage de manne, pieds et bras écartés, le visage tourné vers le centre du cylindre.

— Nous échappons maintenant aux lois de la pesanteur, dit-il. Fyodor, déplacez-vous très lentement, et toi, Phyllis, cesse de te débattre : cela ne ferait qu'aggraver ta situation! A propos, je te remercie : ta gifle a mis fin à ma crise d'hystérie!

La douleur que lui causaient ses muscles raidis et sa joue en feu lui firent faire la grimace. Il souffrait aussi de la tête, comme si son crâne avait été piétiné par un éléphant.

Maintenant les deux extrémités du cylindre étaient complètement obturées par la manne, dont la masse repoussait Phyllis et Fyodor vers le centre. Cull plongea les mains dans la substance chaude semblable à de la gelée, et des filaments se mirent à se répandre sur ses épaules et son visage. Il ne put que donner des coups de poing et de pied dans la matière pâteuse pour tenter de s'en débarrasser, tout en cherchant à se propulser vers le bas du cylindre.

Fyodor, désobéissant aux ordres de ne se déplacer qu'avec précaution, bondit pour le rattrapper. Le résultat fut qu'il monta en chandelle et alla heurter le sommet du cylindre de la tête, ce qui le fit hurler de surprise et de douleur. L'instant d'après, la course de Cull se trouva ralentie par sa rencontre brutale avec Fyodor, et tous deux flottèrent dans la direction de Phyllis.

Après quelques expériences, Cull et ses compagnons s'aperçurent qu'ils pouvaient contrôler leurs mouvements et choisir leur direction, à condition de ne se déplacer qu'avec une extrême lenteur. Heureusement, le cylindre n'avait que trois ou quatre mètres de large, de sorte qu'ils pouvaient facilement se propulser d'un bord à l'autre. Si l'un d'eux restait suspendu au milieu sans pouvoir atteindre la paroi, il était aisé pour l'un des deux autres de se propulser en avant en prenant appui contre celle-ci et de pousser en même temps son compagnon vers le côté opposé.

— Espérons que le nuage de manne va cesser de se développer, dit Cull. Qui eût jamais cru que nous aurions à notre disposition plus de nourriture que nous ne pourrions en absorber, et que cette surabondance de manne risquerait de nous tuer?

— Nous pourrions peut-être nous frayer un chemin à travers la manne, répéta Fyodor. Il nous serait facile de retenir notre respiration jusqu'à être à l'air libre.

— Vous ne comprenez donc pas? demanda Cull. Admettons que nous réussissions à traverser le nuage de manne. Il suffirait d'un faux mouvement pour nous expédier hors du cylindre. Et que se passerait-il alors? Réduits à l'impuissance, nous flotterions dans un espace qui s'étend sur des milliers de kilomètres!

Phyllis frissonna et protesta :

— Je ne veux pas m'en aller flotter dans l'air! Je deviendrais folle à l'idée d'avoir la terre si loin au-dessous de moi. J'aurais l'impression de tomber indéfiniment! Non, je préfère rester ici. Ce cylindre, du moins, est quelque chose de solide.

— Je crois que le nuage de manne a cessé de grandir, dit Fyodor. Vous aviez raison. Il est heureux que la frayeur ne nous ait pas incités à le traverser. Il vaut parfois mieux laisser le temps résoudre les problèmes.

— C'est exact, dit Cull. La manne a cessé de croître.

Il happa d'un coup de langue quelques-uns des minces filaments blancs qui l'environnaient, puis, lentement, il en prit une poignée qu'il mit dans sa bouche.

— Vous feriez bien d'absorber de la manne avant qu'elle se solidifie, dit-il aux deux autres. Elle fondra dans votre bouche et vous aurez ainsi un peu de liquide dans l'organisme.

Ne voulant pas les décourager, il n'ajouta pas que cette manne pourrait bien être la dernière qu'ils recevraient. Peut-être n'y aurait-il plus jamais d'autre nuage. Ce qui, depuis toujours, fabriquait la manne et assurait sa distribution fonctionnait peut-être encore, mais sans doute plus pour longtemps. Tout le reste avait cessé d'opérer, alors pourquoi pas cela aussi?

Fyodor et Phyllis suivirent l'exemple de Cull. Lorsqu'ils eurent apaisé leur soif, la manne prit une teinte plus foncée, diminua de volume et se divisa en des centaines de filaments épais comme des spaghetti. Tous trois en mangèrent à satiété.

— Je voudrais avoir un récipient dans lequel conserver cette manne, dit Cull. (Puis, haussant les épaules, il reprit :) Mais à quoi bon souhaiter quoi que ce soit? Venez m'aider à transporter la manne au centre du cylindre. Nous allons l'empiler de chaque côté en laissant un passage libre au milieu. Peut-être pourrons-nous en retirer encore un peu du nuage pour nous constituer des réserves. Nous en aurons sans doute besoin.

La nourriture leur avait redonné des forces, et ils réussirent à détacher du nuage quelques filaments de manne. Mais, sous l'effort, ils s'enfoncèrent dans le nuage jusqu'à mi-corps. Alors, tandis que l'un d'eux ramassait des boules de manne, les deux autres faisaient la navette pour les porter en zigzagant d'une paroi à l'autre jusqu'au milieu du cylindre. Heureusement, la manne était humide et poisseuse et restait collée aux parois à l'endroit où ils la posaient.

Cependant, ceux qui transportaient la manne connurent d'étranges péripéties : brusquement, ils se trouvaient sans le vouloir propulsés contre les parois, ou retournés la tête en bas, ou encore ils tournoyaient en tous sens avant d'être projetés contre la masse molle à l'autre bout du cylindre.

Lorsqu'ils eurent compris la manière dont les choses se passaient, Fyodor et Phyllis se mirent au travail à une extrémité et Cull à l'autre. La diminution du volume de manne permettait maintenant à la lumière de pénétrer dans le cylindre, et ils purent constater que le nuage était descendu, ou plutôt qu'il avait été entraîné plus loin.

Cull fut heureux de s'en rendre compte et de sentir l'air sur son corps trempé de sueur. Cela signifiait que le vent existait encore, que l'air à l'intérieur de la sphère n'était pas devenu une masse immobile, qu'il y avait toujours des différences de pression.

Le travail de Phyllis et de Fyodor, effectué en commun, avançait plus vite que celui de Cull. D'ailleurs celui-ci dut s'arrêter car sa main rencontra un objet dur dans la masse. Il le dégagea de la manne pour voir de quoi il s'agissait : c'était une branche d'arbre de roc. Des feuilles, humides de manne, étaient encore accrochées aux rameaux.

Sans rien dire aux deux autres, Cull continua à déblayer. Bientôt il mit au jour une nouvelle branche, cassée celle-là, d'environ soixante centimètres de long. Cull appela ses compagnons. Ceux-ci se mirent en devoir d'emporter tout ce qu'il avait réussi à enlever, de façon à dégager la place. En un quart d'heure, il eut atteint le bout du cylindre. Il comprit alors ce qui s'était passé.

Par suite du cataclysme, plusieurs des branches d'un arbre de roc déraciné s'étaient trouvées coincées dans cette extrémité de l'énorme tuyau. Elles étaient couvertes de fibres de manne. Entortillé dans les branches, il y avait également un fil téléphonique d'une longueur indéterminable.

Cull s'arrêta pour reprendre haleine. Puis il s'introduisit en rampant entre deux branches et enleva encore un peu de manne.

Au bout d'une minute, il put passer sa tête par l'ouverture et, par-dessus le tronc et les racines de l'arbre, il regarda au dehors.

Tout près de lui, s'éloignant lentement, il y avait une grosse masse de manne. Ce n'était plus un nuage mais une agglomération d'objets vermiformes enchevêtrés. Plus loin Cull aperçut un morceau du premier nuage.

Il renversa la tête en arrière pour regarder au-dessus, ou du moins vers ce qui semblait se trouver au-dessus de lui. A une vingtaine de mètres, flottant à la même allure que le cylindre, il y avait un énorme bloc erratique. A côté tournoyait le cadavre d'une femme, affreusement mutilé et couvert de sang séché.

Au-delà du corps et du bloc de pierre flottaient d'autres objets : une grosse motte de fange; une table de pierre au bord déchiqueté qui tournait lentement sur elle-même; un bol de pierre, virevoltant à une allure beaucoup plus rapide, était posé sur la table. Un peu plus loin que la table, il y avait un autre arbre de roc déraciné, beaucoup plus grand que celui qui s'était trouvé pris dans le cylindre. Il tournait très lentement, ce qui expliquait comment l'homme accroché dans ses branches parvenait à s'y maintenir. C'était un homme à la peau brune et aux yeux bridés, sans doute un Chinois ou un Japonais. Lorsqu'il vit la tête de Cull sortir du cylindre, ses yeux s'agrandirent de surprise. Il lui adressa un signe de la main et lui cria quelque chose dans une langue qui n'était pas de l'hébreu. Puis, l'arbre ayant tourné, il fut caché à la vue de Cull.

Celui-ci attendit qu'il reparût pour l'interpeller en hébreu, en se servant au passage des rares mots d'anglais qu'il se rappelait encore. L'homme répondit dans une langue qui était certainement du chinois. De nouveau l'arbre tourna et quand l'homme reparut, il était ramassé sur lui-même, prêt à sauter.

Cull lui cria de ne pas courir ce risque. Mais le Chinois s'élança juste au moment où l'arbre oscillait vers le haut. De toute évidence il avait choisi la seconde précise à laquelle il estimait qu'il pourrait quitter l'arbre. Propulsé par le coup de pied qu'il donna dans l'arbre et par le mouvement de celui-ci, il cingla vers Cull, tendant les bras pour chercher à atteindre les branches qui sortaient du cylindre.

Cull grimpa sur la plus grosse branche et, de là, sur le tronc. Il avança à quatre pattes, s'accrochant aux aspérités glissantes et rocailleuses de l'arbre. Enfin il arriva aux racines et, coinçant ses pieds entre les fourches de l'une d'elles, réussit à se mettre debout. Il s'étira le plus possible et tendit les bras vers l'homme. Mais celui-ci passa à trente centimètres au-dessus de lui. Il poussa des cris perçants en se rendant compte qu'il l'avait manqué, et continua à crier en s'éloignant. Brusquement, sa tête disparut dans une énorme boule de manne et le cri s'interrompit net. L'homme enfonça jusqu'aux genoux dans la masse encore molle mais qui commençait à durcir. Ses jambes et ses pieds battirent l'air pendant un moment, puis s'immobilisèrent. La masse de manne, en tournant, les fit disparaître à la vue de Cull. Celui-ci continua à suivre la masse des yeux jusqu'au moment où il revit les pieds. En la heurtant, le corps du Chinois avait donné une poussée à la grosse boule qui s'éloignait lentement. Cull en fut soulagé car cet incident lui avait donné la nausée bien que, comparé à tant d'autres dont il avait été récemment le témoin, ce fût bien peu de chose.

S'il se sentait à ce point bouleversé, peut-être était-ce parce qu'il avait tenté d'intervenir dans le destin du Chinois, de changer le cours des événements. Un instant, il avait fait sienne la frayeur de cet homme et, par conséquent, sa mort.

Absorbé dans ses pensées, il baissa les yeux et

demeura paralysé de terreur. A ses pieds s'ouvrait l'abîme. Il se tenait debout sur une étroite bande de rocher au-dessus du vide insondable.

Pendant une minute il lui fut impossible de faire un mouvement. Son cœur battait à grands coups dans sa poitrine, sa respiration était rauque et il se sentait glacé jusqu'à la moelle.

Enfin, comprenant qu'il devait retourner dans le cylindre, il plia lentement les genoux. Quand la racine fut à portée de sa main, il la saisit et s'y agrippa. Ses pieds lâchèrent leur appui; un mouvement involontaire des jambes le fit se redresser et il se trouva suspendu au-dessus du néant, les mains croisées autour de la racine rocailleuse. Suspendu, non pas vers le bas par rapport à la racine, mais horizontalement, comme s'il n'avait pas eu de poids — ce qui en fait était le cas, se dit-il. Il ne courait pas de danger, à condition de remuer très lentement et avec beaucoup de précaution.

« Chacune de mes actions suscitera une réaction égale », murmura-t-il pour lui-même. Il en avait toujours été ainsi, mais en bas, où régnaient les lois de la pesanteur — ou tout au moins leur équivalent en force centrifuge — il agissait machinalement. Ici, il lui fallait apprendre de nouvelles règles.

Il se trouvait dans l'espace interplanétaire — bien qu'il s'y trouvât de l'air à respirer et qu'il n'y eût pas de planètes.

Cull avança les mains l'une après l'autre pour s'agripper tour à tour à une aspérité, à une radicelle, à une fourche. En levant les yeux il aperçut Fyodor et Phyllis qui planaient, suspendus entre les deux parois du cylindre, le regardant d'un air hébété.

Cull donna une petite poussée pour entrer dans le cylindre. Phyllis se trouvait sur son chemin et il étendit la main pour la saisir aux épaules. Elle recula; le corps de Cull et le sien étaient parallèles à l'axe du cylindre. Ils auraient continué à flotter vers l'extrémité du cylindre et de là dans l'espace si Cull n'avait réussi, en se contorsionnant, à effleurer le sol de ses pieds. Le frottement arrêta leur course.

— Nous ne devons bouger qu'avec beaucoup de précaution, dit-il à Phyllis. Tu ne l'as pas encore compris?

Les yeux écarquillés de frayeur, elle murmura :

— Allons-nous flotter en rond indéfiniment? Ou jusqu'à ce que nos réserves soient épuisées et que nous mourions de faim?

— Nous avons de la nourriture, répondit Cull, Et nous pouvons nous en procurer davantage si c'est nécessaire.

Il se retourna, donna une poussée contre le mur avec ses pieds et se mit à flotter vers l'extrémité du cylindre par laquelle il venait d'entrer. Il referma la main sur la branche pour s'arrêter et dit :

— Je crois que nous ferions mieux de rester de ce côté. Nous avons une ancre à laquelle nous raccrocher.

Il jeta un coup d'œil par l'ouverture du cylindre. La grosse boule de manne continuait à tournoyer et, au moment même où Cull regarda, les pieds du Chinois mort disparaissaient derrière sa masse. La boule s'éloignait, entraînée par le poids de l'homme.

— Il faut que je réfléchisse, dit Cull. Mais je suis trop fatigué. Nous le sommes tous d'ailleurs. Nous avons besoin de dormir, puis de manger encore un peu pour reprendre des forces.

— Comment pourrais-tu dormir en sachant qu'il n'y a rien entre toi et le vide que ces minces parois de métal? demanda Phyllis.

— J'ai dormi en avion, répondit Cull. Et nous sommes plus en sécurité dans notre cylindre que dans ce genre d'engins. Nous ne pouvons pas tomber. Pas au sens où tu l'entends, en tout cas. Non, la seule chose que je redoute, c'est d'être entraîné hors du cylindre pendant mon sommeil. Il faudrait trouver quelque chose pour nous attacher.

Le seul objet qui pût remplir cet office était le fil téléphonique entortillé autour des racines de l'arbre. Mais, pour aller le chercher, il fallait ressortir. Cull hésita. Il n'était pas encore remis de la frayeur qu'il avait éprouvée en se trouvant suspendu au-dessus du vide, et il aurait préféré dormir et manger avant d'affronter de nouveau cette épreuve. Mais c'était là une nécessité impérieuse.

Il envisagea un moment de demander à Fyodor ou à Phyllis d'aller chercher le fil mais repoussa cette pensée. Ses compagnons n'étaient pas en état de le faire à présent. Et ils ne savaient pas suffisamment comment se comporter en chute libre pour qu'il pût leur faire confiance.

Cull soupira, fit part aux deux autres de ses intentions et se mit à grimper le long de l'arbre en s'aidant de ses mains. Cette fois, il tint les yeux fixés droit devant lui. Cette précaution ne lui fut pas d'une grande utilité, car, de quelque côté qu'il regardât : au-dessus, au-dessous ou devant lui, il avait les yeux tournés vers « le bas ». Mais, pour se rassurer, il se dit qu'il ne courait aucun danger à condition de ne pas lâcher prise. D'ailleurs, il fallait absolument qu'il allât chercher ce fil.

Une demi-heure plus tard il était de retour dans le cylindre, traînant à sa suite les vingt mètres et quelque de fil téléphonique. Bien que tremblant de peur et d'épuisement, couvert de sueur et de boue, il poursuivit sa tâche jusqu'à ce qu'il eût formé avec le fil un large cercle. Avec l'aide des deux autres, il noua alors une partie de ce fil autour du bord extérieur du cylindre ainsi qu'autour du tronc de l'arbre. Après s'être assuré que ces nœuds étaient solides, il forma avec le fil trois boucles plus petites dans lesquelles lui et ses compagnons s'introduisirent, en serrant le fil autour de leur taille.

— Maintenant, dit Cull, nous pouvons dormir en sécurité, dans un lit plus doux que celui d'un roi : dans l'air! Mais notre sommeil pourrait bien, cependant, ne pas être très agréable. L'absence de pesanteur empêche l'écoulement des sécrétions de nos sinus et de notre nez. Celles-ci risquent de s'accumuler et de nous étouffer. Ne vous effrayez donc pas si vous vous réveillez sans pouvoir respirer. Soufflez pour vous débarrasser de ce qui vous encombre les muqueuses. Et maintenant, faites de beaux rêves!

Il ferma les yeux et s'endormit aussitôt. Mais, dès son réveil, il comprit qu'il se passait quelque chose d'anormal. Il leva les yeux vers le « plafond » du cylindre, car il était étendu le long de l'axe longitudinal de celui-ci. Son cœur battait très vite : il éprouvait un sentiment d'inquiétude dont il ignorait la cause.

Il faisait sombre à l'intérieur du cylindre et Cull comprit que l'éclat du soleil avait diminué pour faire place à la « demi-nuit ». Levant légèrement la tête pour regarder au fond du cylindre du côté opposé à celui où était encastré l'arbre de roc, il vit une ombre qui bouchait l'ouverture et empêchait la lumière de pénétrer. Cette ombre ressemblait à celle d'un être humain. Mais son dos était muni d'ailes repliées.

Cull comprit aussitôt qu'il devait s'agir d'un « démon ». Il se rappela avoir vu plusieurs fois des créatures semblables à celle-ci dans les rues — à l'époque où il existait encore des rues. Les ailes ne constituaient alors que des accessoires surprenants ou impressionnants, sans utilité. Mais, en ce lieu qui échappait aux lois de la pesanteur, elles devaient pouvoir fonctionner et remplir le rôle auquel leur forme les destinait.

En tournant la tête, Cull vit flotter les corps de ses compagnons, toujours attachés par le fil téléphonique. Fyodor ronflait; Phyllis respirait péniblement.

Au-dessous d'elle se trouvait la branche détachée de l'arbre de roc, qui flottait à quelques centimètres du « plancher ».

Le démon avançait maintenant lentement dans le cylindre. Il était ramassé sur lui-même, pour que le haut de ses ailes à demi repliées ne frôlât pas le plafond, et il tenait à la main un couteau de pierre. La faible lumière permettait de distinguer, à l'intérieur de sa bouche entrouverte, deux longues canines dont la blancheur faisait contraste avec la teinte de sa peau.

Cull tourna brusquement dans sa boucle de fil téléphonique et étendit la main. Ses doigts se refermèrent sur la branche cassée. De nouveau il se tourna, souleva la branche pour la diriger vers la silhouette qui bouchait l'ouverture et, de toutes ses forces, la lança à travers le cylindre. Puis, sans attendre de voir si elle avait touché le démon, il saisit à deux mains la boucle qui lui enserrait la taille et y imprima une poussée. Il se glissa aisément hors du fil tendu et était en train de chercher un point solide d'où s'élancer lorsqu'il entendit la branche frapper son but. Il y eut un bruit sourd et le démon fit « Ooooh! » en sentant l'air lui manquer par suite du choc contre son plexus solaire. Il leva les mains en l'air, laissa échapper le couteau et recula. S'il n'avait pas involontairement déployé ses ailes qui allèrent frôler la paroi du cylindre, il aurait été expédié à reculons dans l'espace. Mais leur frottement le retint et il se mit à flotter, la face en l'air.

Cull s'avança vers lui en zigzag, en se poussant avec ses pieds d'un côté à l'autre de la paroi, comme une balle qui ricoche. En effet, s'il avait plongé tout droit dans le cylindre, il se serait cogné contre le démon et tous deux auraient été expulsés à l'extérieur. Dans l'espace, Cull se serait trouvé réduit à l'impuissance, alors que le démon ailé, une fois remis du choc, aurait pu évoluer comme bon lui semblait.

Tout en se poussant d'un bord à l'autre, Cull tendit une main pour saisir en l'air le couteau de silex. Puis il descendit sur le démon, lui enserra le cou d'un de ses bras et, à l'aide du couteau, se mit à lui trancher la veine jugulaire. Le démon se tortilla en tous sens pour tenter de lui échapper. Cull tournoya en même temps, décidé à venir à bout de lui.

Soudain il sentit un liquide chaud couler sur ses épaules et son cou, et il comprit que c'était le sang du démon qui giclait sur lui. Il continua cependant à taillader la veine car son adversaire, qui possédait la vitalité d'un tigre, n'avait pas abandonné la lutte. De ses ongles pointus il labourait les côtes de Cull et, ployant le cou, cherchait à lui enfoncer ses canines dans la gorge. Cull se serra davantage contre lui pour l'empêcher de plier le cou et de se servir de ses dents. L'affreuse créature, cessant de griffer le flanc de Cull, tendit la main pour saisir ses organes génitaux. Cull, sachant bien qu'une simple pression de ces doigts dotés d'une force surhumaine suffirait à l'estropier, sinon à le tuer, releva les genoux et, d'une poussée, s'éloigna du démon. Cependant, il ne recula pas en suivant l'axe longitudinal du cylindre mais de biais, de sorte qu'il alla se cogner contre la paroi. Le choc le fit rebondir du côté opposé.

La poussée qu'il avait donnée au démon avait également envoyé celui-ci heurter la paroi, l'empêchant de glisser le long du cylindre vers l'extérieur. Maintenant, il était renversé la tête en bas, le corps flasque, les ailes déployées. Cull s'approcha prudemment de lui par petits bonds, en appuyant simplement ses orteils contre la paroi pour se propulser d'un côté à l'autre. Arrivé près de l'entrée du cylindre, il saisit le démon par une cheville et l'entraîna dans l'autre sens. Au milieu du cylindre il se déplaça plus rapidement, sachant qu'à cet endroit il pourrait se retenir à la boucle de fil téléphonique pour éviter d'être précipité dehors avec le démon par l'autre ouverture.

Tout à coup l'intérieur du cylindre s'éclaira et Cull comprit que le soleil avait repris son éclat « diurne ». Il ne brillait cependant pas autant qu'avant la catastrophe, car la poussière qui planait dans l'air ternissait sa lumière.

Phyllis ouvrit les yeux et se mit à hurler. Fyodor, à son tour, regarda d'un air hébété le corps du démon; il se redressa à l'intérieur de la boucle qui le maintenait et étendit les mains comme pour se protéger d'une attaque du cadavre.

— Calmez-vous, leur dit Cull. Tout est fini. Pour lui, du moins.

— Pour l'amour de Dieu, s'écria Phyllis, débarrasse-nous de ce démon! Pousse-le dehors! Sa vue me rend malade!

Mais elle s'interrompit, ses yeux agrandis d'horreur posés sur Cull.

— Tu es blessé, Jack? demanda-t-elle. Oh! mon Dieu, tu es couvert de sang! Je t'en prie, Jack, ne meurs pas! Ne me laisse pas seule!

— Et toi, riposta Cull, ne te mets pas dans un état pareil! Non, je ne suis pas blessé. Pas grièvement en tout cas, bien que ce démon m'ait sérieusement égratigné les côtes. Presque tout ce sang est le sien. D'ailleurs, quand tu iras à l'autre bout du cylindre, fais attention : il y en a encore beaucoup dans l'air et sur la paroi.

— Pourquoi ne nous débarrasses-tu pas de ce cadavre? demanda-t-elle.

— Parce que nous pouvons l'utiliser. En partie du moins. Avant l'arrivée du démon, nous étions pris au piège dans ce cylindre, sans aucun moyen de nous déplacer. Maintenant... vous allez voir.

Il retira les boucles qui enserraient la taille de ses compagnons et passa celle de Phyllis autour du cadavre en la serrant bien.

— Maintenant, dit-il, montez tous les deux dans l'arbre et prenez autant de manne que vous pourrez en porter. Nous ne devons pas épuiser nos réserves. Et j'ai besoin de la manne qui est dehors pour éponger les saletés que je vais faire.

Il examina le cadavre. Le démon avait à peu près sa taille, soit — si les souvenirs de Cull étaient exacts — environ un mètre quatre-vingts. Son corps avait l'apparence d'un corps humain, à part les énormes organes génitaux verruqueux dont il était muni et que beaucoup de démons semblaient posséder dans le seul but de faire rougir les humains par leur obscénité. La peau était d'un gris ardoise. Les ongles longs et pointus des mains et des pieds auraient mieux mérité le nom de griffes. Les ailes semblables à celles d'une chauve-souris avaient l'aspect du cuir. Elles partaient des omoplates et, ainsi que Cull l'avait remarqué, n'auraient été d'aucune utilité dans un monde soumis aux lois de la pesanteur. Le visage avait, lui aussi, une apparence humaine, à part les canines de tigre et le nez aplati, tacheté, dont les narines étaient parallèles aux joues. Les oreilles ressemblaient à celles d'un loup; le crâne était chauve et pourvu d'une excroissance osseuse allant du front à la nuque.

Cull regarda Phyllis et Fyodor qui avançaient de façon hésitante vers les filaments de manne accrochés aux branches de l'arbre de roc. Avant qu'ils fussent de retour, il aurait accompli une bonne partie de sa tâche.

Le couteau était bien affilé mais il s'émousserait vite. Il fallait commencer par le plus important. Car ensuite, si la lame était en trop mauvais état, il devrait renoncer à achever son ouvrage.

La peau des ailes fut facile à découper et à détacher du dos. Mais les os qui rattachaient les ailes aux omoplates posaient un problème. De plus, les muscles du dos étaient très durs et beaucoup plus nombreux que ceux d'un corps humain. Ces muscles semblaient destinés à mettre les ailes en mouvement. En les sciant, Cull s'aperçut qu'il lui faudrait casser les os des ailes au point d'articulation avec les omoplates. Et le seul outil dont il disposât était son couteau.

— Revenez! cria-t-il à Phyllis et à Fyodor.

Lentement, ceux-ci rampèrent le long de l'arbre pour rentrer dans le cylindre. Ils s'approchèrent de Cull et examinèrent avec effarement le travail que celui-ci avait fait.

— Si le démon pouvait se servir de ces ailes pour voler, je suis capable d'en faire autant, dit Cull. Maintenant, appuyez-vous tous les deux contre la paroi, chacun d'un côté. Maintenez le corps à terre et empêchez-le de se déplacer pendant que je m'attaque aux os.

Phyllis ne pouvait se résoudre à toucher le démon.

Cull dut la menacer de la pousser dans le vide pour qu'elle se décide à les aider. Tandis que Fyodor et elle immobilisaient de leur mieux le cadavre, Cull saisit entre ses doigts l'os de l'aile droite à la hauteur de l'articulation et se mit à le manœuvrer d'avant en arrière pour essayer de le casser. Au bout de quelques minutes, il dut y renoncer. Il haletait sous l'effort et son corps était couvert de sueur mêlée de sang. Par suite de l'absence de pesanteur, la sueur, heureusement, ne lui coulait pas dans les yeux, mais perlait à son visage et sur son corps. De temps en temps il passait la main sur son front pour enlever la transpiration et la jeter par l'ouverture du cylindre.

— Essuyez-moi avec de la manne, dit-il d'une voix entrecoupée à ses compagnons. Ensuite vous la jetterez.

Quand Fyodor et Phyllis l'eurent épongé, il se remit au travail. Cette fois, il essaya d'arracher l'os de l'aile un peu au-dessus de l'articulation, à l'endroit où il était le plus mince. Il y eut un craquement et l'os se brisa. Bien qu'il craignît d'émousser la lame de son couteau, Cull se mit à scier à l'endroit de la cassure. L'os résista, mais des grains de poudre grise apparurent sur le couteau. Cull s'arrêtait de temps en temps pour l'essuyer avec sa main. La poudre s'envola à l'extérieur.

Estimant enfin que l'os était suffisamment scié, il se mit à tordre l'aile d'avant en arrière. Soudain, elle se détacha.

Un quart d'heure plus tard, il avait réussi à arracher aussi l'aile gauche. Mais il était fatigué, essoufflé, et il fallut éponger de nouveau la sueur qui l'inondait.

— J'aurais voulu faire une dissection complète, dit-il. Nous pourrions utiliser les os des jambes comme hampes de lances; arracher les canines et les monter aux extrémités du fémur pour en faire des armes. Elles ne seraient peut-être pas très efficaces mais elles vaudraient mieux que rien.

— Tu as déjà les ailes, lui dit Phyllis. Ne trouves-tu pas que c'est suffisant? Débarrassons-nous de ce démon!

Mais, à leur grande surprise, Fyodor voulut poursuivre la tâche commencée.

— Il ne faut pas abandonner maintenant, dit-il. Je vais vous relayer. Les canines d'abord.

Cull lui passa le couteau avec empressement et le regarda découper les gencives autour des racines. Quand celles-ci furent à nu, Fyodor tira sur les dents pour les arracher. Après beaucoup d'efforts et de fréquentes pauses, il eut entre les mains deux longs crocs pointus et légèrement recourbés.

— Je ne peux pas en supporter davantage, marmonna Phyllis en quittant son poste pour se diriger vers le centre du cylindre.

Elle tourna le dos aux deux hommes et se mit à flotter, allongée, en se cachant les yeux de ses bras.

Cull la regarda s'éloigner en grommelant :

— Par Dieu, c'est moi le capitaine de ce navire...

— C'est vrai, c'est vrai, mon ami, répondit Fyodor. Mais un capitaine doit se montrer soucieux de la santé et du bien-être de son équipage. Phyllis, pourrait-on dire, a le mal de mer.

— Je ne pense pas qu'on puisse le lui reprocher, dit Cull. (Clignant des paupières, il ajouta :) Vous ne vous fichez pas de moi, j'espère?

— Non, non, le Ciel me pardonne! protesta Fyodor en hochant la tête. Pourquoi me moquerais-je de vous?

— C'était peut-être un peu ridicule de ma part de me comparer au capitaine d'un navire, admit Cull. Beau navire, en vérité! Un cylindre ouvert à ses deux extrémités, voguant dans l'air sans gouvernail pour le diriger ni voiles pour le faire avancer! Et quel équipage! Un demi-fou admirateur du Christ et une arriviste frigide et sans entrailles. Sans parler d'un hypocrite, tout aussi arriviste que cette putain de Phyllis! Un lèche-bottes, en tout cas!

— Ainsi donc, vous connaissez vos défauts, dit Fyodor en levant ses sourcils broussailleux. Qui plus est, vous les avouez à vous-même et aux autres! Vous avez fait un pas en avant, mon ami.

— Un pas vers quoi? demanda Cull en le regardant d'un air furieux. Vers ma mort? Ainsi donc, je me connais! Et alors? Est-ce que cela m'aide à comprendre pourquoi je suis ici et ce qu'est ce lieu? Ou à savoir où je vais, si tant est qu'il y ait une vie après la mort?

— Mais vous le savez, vous le savez! cria Fyodor de sa voix aiguë. Vous avez vécu sur la Terre et vous êtes mort. Vous doutiez vraiment qu'il y eût une vie après la mort. Et, cependant, vous êtes ici! N'est-ce pas la preuve qu'il existe un vaste plan dont vous faites partie? A titre de simple rouage, peut-être, mais de rouage immortel.

— J'aurais préféré être mort que de vivre comme j'ai vécu ici, dit Cull.

— Mais non, répondit Fyodor. Vous ne pensez pas vraiment ce que vous dites. Les choses sont-elles pires ici que sur la Terre? Pour ma part, j'affirme que non! Et il y a toujours l'espoir. L'espoir!

— L'espoir de quoi? demanda Cull. Pas plus que sur Terre, nous ne pouvons obtenir ici de réponses aux questions que nous nous posons.

Il se tut un instant. Fyodor lui jeta un coup d'œil scrutateur en grattant son crâne chauve, puis détourna le regard.

— Enlevons le fémur du démon, reprit Cull.

Il leur fallut encore une heure pour y parvenir. Ils découpèrent la chair des membres inférieurs et en jetèrent de gros morceaux par l'ouverture du cylindre. Les lambeaux de chair s'envolèrent et disparurent à leur vue. Mais de grosses gouttes de sang et des morceaux de chair plus petits flottèrent autour d'eux comme un essaim de mouches, avant d'être emportés par un vent qui s'était levé tout à coup.

Cessant de gratter l'os mis à nu, Cull regarda dehors. Il ne put voir que des épaves : des arbres de roc, un énorme édifice au loin, une masse de manne, des corps ou des parties de corps d'hommes et de femmes, tournoyant dans l'espace.

Quant au vent, bien que faible, il avait son utilité. Il séchait la sueur dont leurs corps étaient humectés et entraînait le gaz carbonique qui avait tendance à s'accumuler autour de leur tête. En y réfléchissant, Cull trouva étrange de ne pas avoir senti de vent plus tôt. Le déplacement du cylindre dans l'atmosphère aurait dû produire un peu de vent, si léger fût-il. D'ailleurs, même s'ils ne l'avaient pas senti, le vent devait avoir existé. Sinon le gaz carbonique qu'ils rejetaient se serait accumulé dans le cylindre et ils auraient été asphyxiés depuis longtemps.

Pourtant, auparavant, il n'y avait pas eu de courant d'air perceptible, alors que celui-ci l'était. Pour quelle raison le vent était-il devenu plus fort? Une différence de température devait s'être produite dans la sphère qui constituait leur monde.

Bien sûr! Maintenant, la surface interne de la sphère n'était plus recouverte d'une épaisse couche de pierres et de boue. Seule une mince paroi protégeait l'intérieur de la sphère du froid de l'espace. Ce froid devait donc s'y infiltrer et la couche d'air chaud et humide avoisinant la paroi devait rejeter son volume de vapeur d'eau. De la glace devait se former sur la paroi, tandis que l'air se refroidissait, formant une zone de haute pression.

Les deux hommes se remirent au travail. Ensemble, ils dégagèrent les fémurs, du bassin jusqu'aux genoux. Maintenant, ils étaient en possession des deux fémurs qui pourraient servir de massues, ainsi que des tibias et des péronés. Ceux-ci auraient besoin d'être nettoyés, mais c'était là une tâche à laquelle ni Cull ni Fyodor n'avaient, pour le moment, le courage de se livrer.

— Bon, dit Cull. Phyllis voulait que nous nous débarrassions de ce cadavre. Allons-y!

Il défit la boucle qui entourait la taille du démon, puis retourna le corps de façon à pouvoir poser ses deux mains sur le dos. Appuyant ses pieds contre la branche d'arbre, il donna une poussée. Le démon glissa vers la sortie du cylindre, en roulant sur lui-même parce que la poussée donnée par Cull n'avait pas été également répartie sur tout son corps. Il faillit s'accrocher à une branche qui dépassait de l'arbre mais la manqua et poursuivit sa course. Au bout de quelques minutes, le cadavre tournoyant dans l'espace semblait réduit aux dimensions d'un corps de poupée.

— Dommage que j'aie dû le tuer! dit Cull.

— Pourquoi? demanda vivement Fyodor.

Les muscles de son cou frémissaient, ce qui imprimait à sa tête un tremblement nerveux.

— Inutile de vous mettre dans tous vos états parce que vous ne comprenez pas ce qui se passe, lui dit Cull. Laissez-moi le temps de parler avant de vous agiter! Je voulais dire que j'aurais préféré garder ce démon prisonnier. Mais je n'étais pas en situation de le faire. S'il nous arrive encore de mettre la main sur un démon, il faudra le prendre vivant. Et nous le forcerons à nous dire la vérité, même si nous devons la lui arracher — littéralement — du cerveau!

— Qu'est-ce qui vous fait penser qu'ils connaissent la vérité? demanda Fyodor.

— Eh bien, même s'ils ne la connaissent pas, ils mourront en essayant de nous la dire!

Les deux hommes se nettoyèrent de leur mieux du sang et des déchets dont ils étaient couverts et jetèrent la manne souillée hors du cylindre. Puis Cull étudia le problème consistant à fixer sur son dos les ailes arrachées au démon. Il monta dans l'arbre de roc, en s'attachant par une cheville avec du fil, et enroula l'autre extrémité de celui-ci autour de la branche qui se trouvait dans le cylindre. Se déplaçant avec précaution pour ne pas laisser échapper les ailes qu'il tenait à la main, il en essaya une pour se rendre compte.

— Ça ira, dit-il à Fyodor. Nous allons faire des trous dans la peau près de l'os de l'aile et nous y engagerons du fil téléphonique que je nouerai autour de mes bras. La partie inférieure des ailes sera maintenue par du fil enroulé autour de mes cuisses. Mais il va falloir trouver un système pour empêcher les ailes de se plier aux jointures.

Il resta debout un moment, fixant le vide d'un air absent. Puis il dit :

— Nous allons déchirer la fibre, redresser les ailes à l'endroit des articulations et poser des morceaux de fibre de chaque côté de celles-ci. Puis fixer solidement les deux morceaux autour de l'os, à l'aide de fil téléphonique. Cela devrait faire tenir les ailes raides.

Il retourna dans le cylindre. En tordant en tous sens le fil téléphonique et en le sciant aux endroits où il l'avait plié, il réussit à en couper plusieurs morceaux. Mais la fibre était moins facile à découper qu'il ne l'aurait cru. Après avoir beaucoup transpiré, il parvint à achever sa tâche. Ensuite, il dut raboter le fil pour obtenir quatre morceaux assez courts. Enfin, il réussit à obtenir ce dont il avait besoin. Cette fois-ci, lorsqu'il monta dans l'arbre, il y resta jusqu'à ce qu'il eût terminé.

La crainte se lisait sur le visage de Fyodor et de Phyllis.

— Si tu ne parviens pas à voler avec ces ailes, nous allons te perdre, dit Phyllis. Nous ne te reverrons jamais!

— Je ne pensais pas que tu t'en soucierais, répondit Cull. Mais peut-être as-tu seulement peur de perdre ton défenseur et ton soutien?

Phyllis haussa les épaules. En la regardant, Cull se demanda comment il avait pu penser autrefois qu'il vendrait son âme pour l'avoir dans son lit.

Il attacha les ailes à une branche, retourna dans le cylindre puis se glissa dans la boucle de fil qu'il avait formée.

— Je suis trop fatigué pour tenter de voler, dit-il. Il faut que je dorme un peu d'abord. Vous, montez la garde à tour de rôle. Nous ne devons pas nous laisser surprendre par d'autres démons volants.

Il s'endormit aussitôt. En se réveillant, il vit que ses deux compagnons étaient assis sur la branche à laquelle ils s'étaient attachés par du fil téléphonique, laissant pendre leurs jambes au-dessus de l'abîme. Tous deux semblaient avoir en partie surmonté leur peur du vide.

Voyant Cull tourner la tête, Phyllis sourit et lui dit :

— Bonjour. Ça va mieux?

— J'ai rêvé de la Terre, répondit Cull. Ou, plus exactement, j'ai rêvé que je dormais sur la Terre et que je rêvais. C'était un rêve à l'intérieur d'un autre, comme il nous arrive à tous d'en faire de temps en temps. Je rêvais que je réussissais à voler simplement en battant des bras. C'était merveilleux! Jamais je ne m'étais senti aussi libre, aussi glorieux. Aussi... surhumain, si je puis dire.

— J'en suis heureuse, s'écria Phyllis. Pour ma part, si en me réveillant je devais voler avec ces ailes, ce serait un beaucoup moins beau rêve que je ferais! Tu sais, ce rêve dans lequel on se sent tomber sans pouvoir se retenir, en poussant des cris...

— Peut-être est-ce bon signe que vous ayez fait ce rêve et non celui dont parle Phyllis, dit Fyodor.

— Oui, approuva Phyllis, c'est certainement bon signe.

Cull grommela sans répondre en les regardant d'un air revêche. Il fit claquer ses lèvres et dit :

— J'ai un mauvais goût dans la bouche. Je me sens crasseux et je dois l'être. Et je pue. Tout comme vous puez vous-mêmes. Le vent m'apporte votre odeur et c'est très désagréable.

— Tu ne trouves donc pas que ça va assez mal comme ça, sans que tu aies besoin d'aller me chercher noise, pleurnicha Phyllis. J'essaye de me montrer aimable, je te dis bonjour. Et toi... toi, tu n'es qu'un vieux grincheux!

— Tu es dans un bel état! répondit brutalement Cull. Je voudrais que tu puisses te voir! Tes cheveux sont sales et emmêlés. Ton visage est barbouillé, ton corps noir de crasse. Regarde ton ventre, tes jambes...

— A quoi d'autre pourrais-tu t'attendre? riposta-t-elle avec colère. Toi aussi, tu as l'air d'un miséreux! Qu'est-ce qui te prend de me parler ainsi?

— Peut-être a-t-il peur de ce qu'il va faire, intervint

Fyodor. Je veux dire, de voler. On ne peut pas lui en vouloir, Phyllis. Moi-même j'ai la chair de poule quand je l'imagine sautant dans le vide.

— C'est donc cela? demanda Phyllis. Tu ne me détestes pas vraiment? Tu es seulement effrayé à l'idée de ce qui t'attend?

— Tu te soucies donc que je te déteste ou non? répondit Cull. Je croyais que seuls t'intéressaient les sentiments de quiconque accédait au poste de Premier Téléphoniste?

Elle détourna les yeux et, avec un reniflement de mépris, Cull se propulsa en zigzag jusqu'à l'autre bout du cylindre. Arrivé là, il se contorsionna pour se mettre à la verticale, en tournant le dos à ses compagnons. Tout en se soulageant, il se félicita que cet acte naturel nécessitât une pression : ainsi le liquide jaillissait vers l'extérieur et il n'avait pas à se préoccuper de son élimination. Cependant, la réaction le ramenait vers le milieu du cylindre, loin de l'ouverture.

Il prit pour s'essuyer un peu de la manne empilée dans le cylindre et jeta dehors le morceau qu'il avait utilisé. Puis il revint vers ses compagnons, qui restaient silencieux.

— Je crois, dit-il, que nous ferions bien d'utiliser le fil téléphonique qui nous reste pour installer à l'autre bout du cylindre une barrière de sécurité comme nous en avons une de ce côté-ci.

Ce travail achevé, il monta prendre son petit déjeuner dans l'arbre de roc. La manne était en train de passer de l'état de viande à celui de sauce. Bientôt, elle serait devenue un liquide que le vent chasserait des branches. Cull aurait bien voulu posséder un récipient où conserver la substance nutritive. Si seulement il avait eu un moyen de tanner la peau, il aurait pu prendre celle du démon pour en faire des gourdes. Mais il n'aurait rien eu pour coudre les deux bords ensemble. L'estomac, en revanche, aurait constitué un sac naturel. En tout cas, il était trop tard pour y penser!

Depuis quelque temps, Cull voyait un objet s'approcher. Minuscule au début, il était maintenant assez gros pour qu'il pût l'identifier. Il s'agissait d'un de ces innombrables édifices taillés dans un gigantesque bloc erratique. Même à la distance où il se trouvait, Cull distinguait les lignes plus sombres qui devaient marquer l'emplacement des portes et des fenêtres. L'objet tournait dans tous les sens. Bientôt il serait tout près du cylindre; peut-être même entrerait-il en collision avec celui-ci.

Phyllis et Fyodor montèrent à leur tour dans l'arbre pour déjeuner. Cull leur montra du doigt l'édifice et leur fit part de ses craintes.

— Nous pourrions peut-être sauter dessus quand il sera assez près de nous, suggéra Phyllis.

— Peut-être, approuva Cull. Mais il se peut que cet édifice soit occupé par des êtres en compagnie desquels nous n'aimerions pas nous trouver... Non, je crois qu'il vaut mieux voler jusqu'à lui.

— Mais que se passera-t-il si le cylindre le croise pendant que vous serez dedans? demanda Fyodor. Pourrez-vous nous rattraper?

— J'en serais peut-être capable, répondit Cull d'un ton méditatif. Mais si nous devons unir nos destinées, il vaut mieux que nous partions ensemble.

— Il faudra prendre notre élan quelque temps avant que notre route rencontre la sienne, fit observer Phyllis. Si nous attendons que le bâtiment soit trop près de nous, il risque de nous dépasser s'il va très vite. Et peut-être ne pourrons-nous même pas retourner dans le cylindre.

Pendant ce temps, Cull enroulait quelques mètres de fil téléphonique autour de sa taille. Après avoir bien serré le fil devant, il fit deux boucles sur les côtés. Dans l'une il passa le couteau en le fixant solidement et, dans l'autre, le fémur du démon. Il s'entoura la cheville d'un morceau de fil téléphonique de soixante centimètres environ, à l'extrémité duquel il forma une autre boucle.

— Passez aussi une boucle autour de votre cheville, dit-il à Fyodor.

Et il se mit en devoir de fixer les ailes sur son

dos. Lorsque tous les préparatifs furent terminés, il donna une légère poussée du pied contre l'arbre de roc et s'éleva dans l'air. Fyodor saisit d'une main le fil téléphonique qui entourait la cheville de Cull pour s'écarter de l'arbre à son tour. Phyllis, elle, s'agrippa au fil qui entourait la cheville de Fyodor.

Cull regarda dans l'axe de son propre corps pour s'assurer que ses compagnons se tenaient solidement et qu'ils étaient bien rangés en file à la manière des wagons d'un train. Puis il se mit à battre des ailes. Sachant que s'il se contentait de placer leur surface portante à angle droit avec son corps et de les agiter de haut en bas, il ne ferait que monter ou descendre, il inclina les ailes. Maintenant, c'était certain, il avançait, car il les sentait fendre l'air et le repousser derrière lui. Mais c'était un effort fatigant, bien que ses passagers et lui fussent privés de poids : la résistance de l'air était plus difficile à vaincre qu'il ne l'aurait cru. De plus, il ne parvenait pas toujours à maintenir les ailes selon l'angle voulu. Elles avaient tendance à tourner malgré lui.

Au bout de quelques minutes il se rendit compte que la vitesse à laquelle il volait n'était pas suffisante. Le bâtiment allait les dépasser, les laisser loin derrière lui. Et, en regardant par-dessus son épaule au moment où ses ailes s'abaissaient, il comprit qu'ils avaient peu de chances de pouvoir retourner dans le cylindre.

Il s'efforça de se mettre à l'allure du bâtiment, de lever et d'abaisser ses bras aussi vite que possible, de les faire tourner de façon à donner un bon angle aux ailes. Il était essoufflé et transpirait abondamment. Un moment, pris de panique, il envisagea d'abandonner Phyllis et Fyodor. Soulagé de la résistance supplémentaire provoquée par le poids de leur corps, peut-être pourrait-il augmenter suffisamment de vitesse pour...

Mais il repoussa cette pensée. Il ne les laisserait pas flotter, impuissants, dans le vide! D'ailleurs, comment faire lâcher prise à Fyodor? Si Cull s'arrêtait dans son vol pour le frapper sur la main, cela ralentirait sa course. Et il ne pouvait pas se permettre de ralentir.

Il tendit le bras gauche et actionna son aile droite de façon à pouvoir tourner pour suivre le bâtiment quand il les croiserait. Et il continua à lever et abaisser ses dispositifs de peau et d'os même lorsque l'énorme édifice les eût devancés d'une bonne centaine de mètres.

— C'est inutile! cria Fyodor derrière lui. Nous ne le rattraperons pas. Economisez vos forces, Jack!

Cull suivit des yeux la masse de pierre taillée qui s'éloignait. Il voyait aux fenêtres des hommes et des femmes qui lui adressaient des signes de la main. Pleurant d'épuisement et de rage, il renonça à la poursuite. Il laissa retomber ses bras de chaque côté de son corps et se mit à planer avec l'homme et la femme accrochés derrière lui.

Il y eut un silence troublé seulement par le halètement de Cull. Puis, lorsque celui-ci se fut tu, on n'entendit plus que le léger bruit du vent qui faisait palpiter les ailes semblables à celles d'une chauve-souris.

— Qu'allons-nous faire maintenant? demanda enfin Fyodor.

Cull tressaillit. Absorbé dans ses pensées, il avait oublié ses deux compagnons.

— Nous devons nous laisser aller à la dérive pendant quelque temps, répondit-il. J'espère qu'il se produira quelque chose...

— Avant que nous soyons morts de faim? interrompit Phyllis.

— Toujours le même optimisme! persifla Cull. On reconnaît bien là cette brave Phyllis prodigue en paroles d'encouragement!

En lui-même il pensait que les prévisions de Phyllis pouvaient bien se réaliser. Mais il fallait faire quelque chose pour détourner leur esprit de cette éventualité.

Il sortit ses bras des boucles de fil téléphonique qui les reliaient aux ailes, puis, se retournant pour faire face à ses compagnons, demanda alors à Fyodor de détacher le fil enroulé autour de sa taille. Ce n'était pas facile, car Fyodor ne disposait que d'une seule main, l'autre étant agrippée au fil qui entourait la cheville de Cull. Celui-ci lui dit donc d'y renoncer et de défaire la boucle de sa cheville. Il rampa ensuite le long du corps de Fyodor et saisit une des extrémités du long rouleau de fil. Avec l'aide de Phyllis, il réussit à plier le fil en un double cercle, tâche difficile étant donné qu'ils n'avaient rien sur quoi prendre appui. Ils firent trois grandes boucles dans lesquelles ils s'introduisirent et s'attachèrent avec des morceaux de fil plus petits.

— Trois hommes en rond, dit Cull en s'efforçant de rire. Enfin... deux hommes et une garce doublée d'une souillon!

— Oh! Jack... protesta Phyllis.

Elle semblait sur le point de pleurer.

— Bon, bon, tu n'es pas une garce, reprit-il d'un ton conciliant. Nous sommes tous des Chevaliers de la Table Ronde.

Ses deux compagnons le fixèrent d'un regard dénué d'expression et il se rendit compte qu'ils n'avaient pas saisi l'allusion. A vrai dire, lui non plus. Ce qu'il venait de dire était une de ces phrases banales qui lui venaient souvent à l'esprit sans qu'il fût capable d'en donner le sens ni d'en reconnaître l'origine.

— Nous pouvons du moins bavarder face à face maintenant, dit-il.

Il y eut un silence si long que Cull ne put supporter de le voir durer davantage.

— Eh bien, Fyodor, demanda-t-il, croyez-vous toujours que X, votre Sauveur, viendra vous secourir au milieu du néant?

— X peut faire n'importe quoi, répondit Fyodor, montrant un peu d'animation malgré sa fatigue et son désespoir. Si je suis digne d'être sauvé, X me sauvera.

— Et si vous ne l'êtes pas?

— Mais je dois l'être! cria Fyodor. Tout comme vous devez l'être! Et Phyllis aussi! Nous sommes tous les enfants de Dieu!

— Peut-être a-t-Il déposé ses enfants sur le seuil de quelque porte céleste pour les y abandonner, suggéra Cull.

— Non! hurla Fyodor. Tant qu'un homme se souviendra de Lui, Il n'oubliera pas les hommes!

— Eh bien, il serait bon que Lui, ou X, ou tout autre, se décide rapidement à faire quelque chose pour...

Cull s'interrompit, regardant fixement la forme qui s'approchait lentement d'eux. Depuis un moment il voyait le corps de l'homme flotter dans leur direction. Mais jusqu'alors il n'avait pas réussi à distinguer ses traits.

C'était X, jambes et bras écartés, tournant dans tous les sens, les pans de sa tunique blanche souillée traînant derrière lui, les cheveux et la barbe emmêlés, la bouche ouverte, les yeux exorbités. Un de ses pieds avait été écrasé et du sang séché tachait sa tunique jusqu'à la hauteur des genoux.

Fyodor se retourna pour regarder à son tour. Il poussa un long cri et se couvrit les yeux des mains.

— Vous le voyez, X est mort, lui dit Cull sans méchanceté.

Il regrettait d'avoir soulevé la question. Mais son intention, en le faisant, avait été seulement de ranimer un peu le courage du Slave et de détourner ses pensées du sort qui les attendait.

— Un nuage de manne est en train de se former là-bas, devant nous, dit-il.

Mais Fyodor garda les mains sur ses yeux. Phyllis jeta un coup d'œil indifférent dans la direction indiquée, puis regarda « en bas ».

— Nous aurons en tout cas de quoi boire et manger, reprit Cull. Nous ne mourrons pas d'inanition.

— Ce n'est pas ce que je demande... gémit Fyodor.

— Mais c'est ce que vous aurez, que vous le vouliez ou non! riposta Cull d'un ton farouche. Pourquoi a-t-il fallu que je sois ainsi enchaîné à vous deux?

— Tu es trop bête pour savoir quand tu es vaincu, dit Phyllis.

— Je saurai que je suis vaincu quand je serai mort, répliqua-t-il. Et alors, il sera trop tard pour l'admettre!

Il se tut et regarda le nuage s'épaissir et devenir plus sombre. Plus tard — ce pouvait aussi bien être une demi-heure que trois heures — ils pénétrèrent dans la masse du nuage. Aussitôt ils se trouvèrent dans l'obscurité et rencontrèrent une résistance. L'intérieur du nuage était doux et humide. Cull sentait des vrilles légères glisser le long de son corps et se poser comme un masque sur son visage. Il frappa avec ses mains dans la masse pour dégager un coin par lequel il pût respirer. Phyllis poussa un cri qui parut à Cull lointain et faible, comme si la jeune femme et lui avaient été séparés par une infinité de voiles ténus.

Il lui cria quelques mots d'encouragement et continua à repousser la manne. Quelques filaments sombres, plus épais et plus durs, lui enveloppaient les épaules et l'un d'eux s'était posé sur son front. Il les enleva de la main et dégagea encore un peu d'espace devant lui. Puis il se mit à manger les brins qu'il retirait de son visage. S'il ne mourait pas étouffé et réussissait à traverser le nuage avant que celui-ci se soit solidifié, il se serait du moins rempli l'estomac, s'assurant ainsi une prolongation d'existence.

Mais les filaments devenaient de plus en plus nombreux; des vrilles s'enroulaient à lui de tous côtés. Maintenant, à mesure qu'il la repoussait, la manne se reformait et semblait se dilater dans les poches d'air qu'il créait. Cull avait l'impression de rester suspendu, sans avancer le moins du monde. S'il était immobilisé, le gaz carbonique qu'il rejetait s'accumulerait autour de lui. Très vite, il perdrait connaissance et mourrait.

Il poussa un ultime rugissement de rage et de rancœur. Puis il vit une forme plus sombre que le nuage traverser ce dernier. Elle était énorme et se précipita sur lui avant qu'il eût le temps de se préparer au choc.

Il reçut un coup qui lui fit perdre le souffle et l'envoya tournoyer à travers le nuage, en arrachant les filaments bruns qui le couvraient. De nouveau il fut frappé et de nouveau il rebondit.

Cette fois, ses mains qui battaient l'air touchèrent quelque chose dont le contact leur était familier. De la chair. Il reconnut Phyllis aux cris que celle-ci poussait. Sans doute le coup avait-il rompu le cercle de fil téléphonique et amené la jeune femme près de lui.

Phyllis criait si fort qu'il ne parvenait pas à se faire entendre d'elle. Au moment où il ouvrait la bouche pour lui intimer l'ordre de se taire, il reçut un nouveau coup, moins fort toutefois que les précédents.

L'obscurité se dissipa et le nuage avec elle. Ils tournoyaient maintenant dans l'air lumineux. Cull s'en rendit compte en apercevant une grosse boule au-dessous de lui. Celle-ci tournait, ou lui-même, tournait, ou bien ils tournaient tous les deux. Sans cesse, Cull voyait l'énorme objet noir apparaître sous ses pieds, puis disparaître pour reparaître encore.

La boule approchait à toute vitesse et le heurta une fois de plus. Mais cette fois-ci Cull tendit la main pour s'agripper à quelque chose. Brusquement il cessa de tourner. Il se trouvait sur du terrain solide, les doigts serrés sur le bout d'un cylindre semblable à celui où ses compagnons et lui avaient effectué leur voyage. Ce cylindre émergeait de la boule de terre à laquelle ils s'étaient heurtés.

Tout en s'y cramponnant, il examina la situation. Phyllis et Fyodor étaient à côté de lui car le fil téléphonique les avait maintenus tous les trois ensemble. L'endroit où ils se trouvaient n'était pas, comme Cull l'avait cru tout d'abord, un grand sphéroïde. C'était, ainsi qu'il pouvait s'en rendre compte d'après les nombreuses portions de tunnels qui dépassaient çà et là de la boule, un ensemble de tunnels d'égout et de conduites d'aération qui devait avoir été arraché du corps principal, soulevé et projeté dans les airs. De grosses mottes de terre ainsi que des pierres et des masses rocheuses s'y étaient agglomérées, lui donnant cette forme arrondie.

A une centaine de mètres des trois compagnons, une tour émergeait du sol. Son sommet avait été arraché et une grande partie de sa façade, faite de pierres assemblées par du ciment, s'était écroulée. Mais l'entrée demeurait intacte et, au-dessus, Cull put lire, gravés dans le roc, les mots : ET LA VIE.

— Une des maisons de X! murmura-t-il. La Maison des Morts.

— Qu'est-ce que tu dis? demanda Phyllis encore étourdie par le choc.

— Rien. Suivez-moi. Faites ce que je vous dirai de faire.

Prenant la précaution de se tenir solidement d'une main au tunnel, il se débarrassa du fil téléphonique enroulé autour de son corps, aida les deux autres à en faire autant, puis enleva ses ailes. Mais il ne les jeta pas comme des objets inutilisables : il les lança dans le tunnel. Jetant un coup d'œil à l'intérieur de celui-ci, il vit que les ailes avaient heurté le sol et rebondi, et qu'elles commençaient à flotter lentement vers le « haut ». Cull expliqua aux deux autres ce qu'il avait l'intention de faire, en leur recommandant d'imiter chacun de ses mouvements s'ils ne voulaient pas s'envoler dans l'espace.

Des deux mains il s'agrippa au bord du tunnel, se hissant, puis se poussant pour s'introduire dans l'ouverture. Il se cogna violemment contre la paroi. Ses mains étendues devant lui reçurent le choc, ses bras plièrent. Mais il se trouva en sûreté dans le tunnel.

Un moment plus tard, il se demanda si l'expression « en sûreté » était bien celle qui convenait. Avant d'avoir eu le temps de s'écarter, il fut heurté par Phyllis et tous deux allèrent heurter la paroi. En rebondissant, ils entrèrent en collision avec Fyodor. Ce dernier se plaignit de contusions à la tête et aux talons, dues à sa rencontre brutale avec la paroi au moment où il se tournait et se retournait pour entrer dans le tunnel. Mais le frottement avait un peu ralenti sa course et il ne s'était pas cogné aussi violemment que les deux autres.

Sans prendre le temps d'évaluer les dégâts, Cull en revint à son mode de locomotion par ricochets, seul moyen de se déplacer le long de ces canalisations arrondies et lisses. Il consistait à se propulser en biais d'un bord à l'autre de la paroi, en reprenant chaque fois son élan. Dans ses efforts pour changer de direction, il se retrouvait parfois la tête en bas, ou tournée dans le mauvais sens, ce qui lui causait des contusions quand il rebondissait sur le bord opposé. Mais il devint vite habile à cette manœuvre dont il avait acquis les principes dans l'autre cylindre. Fyodor et Phyllis le suivaient d'assez près. Très vite, tous trois parvinrent à se déplacer en zigzag le long du tunnel et à contrôler leurs mouvements dans ce milieu qui échappait aux lois de la pesanteur.

Ils arrivèrent à un embranchement du tunnel. Cull les conduisit sur la gauche et ils continuèrent leur trajet. L'obscurité n'était pas totale comme ils auraient pu s'y attendre. Au contraire, il y avait au fond un cercle de lumière qui leur permettait de se diriger facilement. Cull ralentit son allure avant d'arriver à cet orifice. Puis il se hissa avec précaution à l'extérieur, prêt à rentrer aussitôt s'il se trouvait en présence d'un danger quelconque.

Il vit une vaste salle, vide de tout être vivant, humain ou démon, mais occupée par de nombreux appareils d'aspect étrange. Outre l'ouverture par laquelle ils débouchaient, il y avait une porte tout au fond et une autre en haut d'un escalier en colimaçon, à l'autre extrémité de la salle. La lumière, qui n'avait pas de source visible, éclairait avec une égale intensité l'ensemble de la salle.

Celle-ci était un cube d'environ trois cents mètres de côté. De grands meubles métalliques y étaient disposés suivant un plan que Cull ne put déterminer. Doucement et précautionneusement, il se propulsa de l'un à l'autre. Le devant de ces meubles était garni de boutons, de leviers et autres instruments de commande et de contrôle, reliés à des plaques de métal portant des inscriptions en caractères étrangers. Beaucoup de ces meubles étaient connectés à des câbles épais; d'autres semblaient n'avoir aucune connexion électrique.

Cull se déplaça dans l'air d'un meuble à l'autre, s'arrêtant devant certains pour chercher à comprendre leur destination. Aucun d'eux ne pouvait se comparer aux appareils électroniques qu'il avait connus sur la Terre. D'ailleurs, les souvenirs qu'il gardait de ces derniers avaient toujours été vagues et, à mesure que le temps passait, ils devenaient plus imprécis.

Il s'arrêta plus longuement devant l'un des meubles, pensant qu'il pourrait au moins tenter une expérience. C'était un meuble deux fois grand comme lui et aussi large que haut. Sur un rebord se trouvaient une douzaine de disques noirs de forme ovale, d'environ quatre centimètres de diamètre, et un millimètre d'épaisseur. Ils étaient posés au-dessous d'une fente ouverte sur le devant du meuble. Celui-ci ne possédait que deux organes de commande : un très gros bouton, muni d'une aiguille blanche et entouré de petits traits, et un poussoir.

Cull se plaça près du meuble de façon à pouvoir s'accrocher d'une main au rebord et chercha à insérer un des disques noirs dans la fente. Mais le disque était trop gros et il était impossible de forcer.

Cull appuya sur le poussoir, qui s'alluma. Aussitôt, un disque tomba de la fente. Le poussoir s'éteignit.

Une nouvelle expérience amena le même résultat. Le poussoir s'éclaira et un second disque tomba sur le rebord.

Cull fit tourner le bouton en même temps qu'il appuyait sur le poussoir. Cette fois, six disques tombèrent de la fente avant que la lumière s'éteignît.

Il prit trois disques dans sa main et se propulsa jusqu'au meuble suivant. Celui-ci était muni aussi d'un rebord et d'une fente; mais, à la différence du premier, il était ouvert sur le côté. A l'intérieur, il y avait une cavité plus que suffisante pour permettre à un homme de s'y tenir debout. Cull inséra l'un des disques dans la fente et attendit.

Aussitôt, l'intérieur de la cavité s'emplit de lignes

d'une clarté éblouissante, zigzaguant comme des éclairs. Elles semblaient venir de tous côtés et se croisaient en s'enchevêtrant.

A la lumière produite par ces fils entrecroisés, Cull remarqua quelque chose. Le côté du meuble n'était pas ouvert comme il l'avait cru, mais recouvert d'une matière transparente comme le verre.

Les lignes de lumière continuaient à s'entremêler, mais quelque chose prenait forme à l'intérieur de la cavité. Cull se protégea les yeux de sa main et ferma à demi les paupières pour affronter l'éclat éblouissant. Il ne distingua d'abord qu'une masse sombre dans la lumière, une forme humaine. Un instant, il crut voir un squelette debout devant lui. Puis des organes — poumons, cœur, viscères — vinrent se loger à leur place respective. Bientôt l'ossature se couvrit de muscles, et les muscles de peau. Mais cela se passa si vite que Cull ne fut pas sûr de ce qu'il voyait. Peut-être était-il victime d'une hallucination due à l'éclat vacillant et trop vif de la lumière.

Un moment plus tard, il comprit qu'il ne s'agissait pas d'une vision. Un homme se tenait debout dans la cavité. Cull le voyait nettement à présent, car les éclairs avaient cessé d'étinceler. Aucune matière vitreuse ne semblait maintenant obturer l'entrée de la cavité.

L'homme était grand et bien bâti. Il avait de longs cheveux châtains et une barbe de même nuance. Son visage était celui d'un jeune homme de trente ans, et il avait la beauté des oiseaux de proie.

— X! s'écria Cull.

Souriant, X sortit de la cavité. Il regarda autour de lui en clignant des yeux à plusieurs reprises, comme s'il venait de se réveiller. Un cri partit de l'autre extrémité de la salle, poussé par Fyodor : « C'est X! »

Le vieillard ajouta : « Je viens, Maître! » Prenant appui contre un meuble, il se propulsa de toutes ses forces, les bras étendus pour étreindre X. Mais il avait oublié les précautions à prendre. Il s'élança d'un peu trop haut et passa à une cinquantaine de centimètres au-dessus de la tête de X. Pleurnichant et agitant les bras, il plana à travers l'immense salle jusqu'au moment où il vint donner contre un mur. Avant même de l'avoir heurté, il hurla; puis il y eut un choc sourd. Fyodor rebondit contre le mur et revint flotter, inconscient, vers l'endroit d'où il était parti. Son visage et son front étaient couverts d'entailles d'où le sang perlait.

La première pensée de Cull fut de lui porter secours. Puis il se rappela l'adoration du vieillard pour X. Tout ce que lui, Cull, pourrait dire ou faire à X amènerait inévitablement une intervention de la part de Fyodor : mieux valait donc laisser celui-ci flotter, impuissant, dans l'air.

— Que puis-je faire pour vous, mon fils? demanda X en s'approchant de Cull.

— La première chose à faire, c'est de laisser tomber ce nom de fils! répondit Cull d'un ton hargneux. Soyez franc. Ou, du moins, essayez de l'être. Dites-moi la vérité.

— Qu'est-ce...? commença X.

— Ouais, je sais, interrompit Cull. Toujours la même rengaine : qu'est-ce que la vérité? Bon : eh bien, parlons de moi. Qu'est-ce que je fais ici? Parlez-moi du lieu où nous sommes. Qu'est-il? Pourquoi existe-t-il?

X fronça légèrement les sourcils, puis sourit de nouveau et commença :

— Il était une fois un homme qui menait une vie vertueuse. Du moins l'estimait-il telle. Et un homme est ce qu'il croit être, n'est-ce pas?

» Tandis que les résultats de sa vertueuse vie s'accumulaient autour de lui, cet homme devint un vieillard aux cheveux blancs et au visage ridé. Il possédait une grande maison, une femme fidèle et soumise, beaucoup de fils et de filles, des petits-enfants plus nombreux encore, et quelques arrière-petits-enfants. Mais, comme c'est le sort commun à tous les hommes, il vit sa dernière heure arriver et se trouva couché sur son lit de mort. Il aurait pu s'offrir les meilleurs médecins et les médicaments les plus efficaces; mais ceux-ci...

— Ça va, ça va! coupa Cull. J'ai déjà entendu cette histoire. Plus d'une fois, même. Ecoutez-moi bien! Je ne veux plus entendre vos laïus ni vos énigmes! Je veux des réponses à mes questions. Des réponses simples, claires et nettes. Si quelqu'un connaît ces réponses, c'est vous. Alors, donnez-les-moi!

Il fixa sur X un regard furieux en serrant son poing libre. Puis son regard s'éteignit, ses yeux s'agrandirent de surprise, sa mâchoire retomba et il s'écria :

— Mais vous avez marché pour sortir de ce meuble! Vous ne flottez pas! Vous vous tenez debout!

— Quiconque possède la foi, dit X d'un ton sentencieux, peut marcher lorsque les autres volent.

Cull dut se retenir pour ne pas éclater d'un rire hystérique.

— Je ne veux ni proverbes ni paraboles! hurla-t-il. Je veux des réponses à mes questions!

— En premier lieu, dit X, vous devez apprendre à énoncer vos questions correctement. Et pour cela, mon fils, il faut de la patience, du travail, de la sagesse. Il faut également croire...

— Croire qu'il existe une réponse à ces questions? répliqua Cull. Je vous ai dit que je ne voulais pas de mots à double sens. Je veux savoir! Tout de suite!

X étendit la main en un geste de bénédiction et reprit :

— Il était une fois un homme qui menait une vie vertueuse. Du moins l'estimait-il telle. Et un homme est ce qu'il croit être, n'est-ce pas?

» Tandis que les résultats de sa vertueuse vie s'accumulaient autour de lui, cet homme...

Poussant des cris de rage, Cull s'élança sur X. Tout en fendant l'air, il tira de la boucle de fil son couteau de silex.

X, sans bouger, continua son récit.

Cull l'agrippa et lui enserra le cou de son bras. Tous deux roulèrent à terre, tandis que Cull frappait X avec son couteau. Ils heurtèrent violemment le sol, mais Cull s'efforça de ne pas lâcher prise car il craignait d'être entraîné loin de X et de repartir flotter dans l'air. X semblait avoir du poids, et Cull voulait se raccrocher à ce poids, tout en portant des coups de couteau dans la poitrine de son adversaire.

Le sang jaillit d'une blessure, juste sous la barbe, et s'assembla en gouttelettes qui furent entraînées dans l'air. X voulut parler, mais l'impitoyable pression du bras qui lui entourait le cou l'étouffait.

Cull le frappa plus bas, dans la région du plexus solaire. Le sang se mit à bouillonner dans la gorge de X puis coula à flots de sa bouche.

Cull eut conscience d'entendre crier quelqu'un. C'était Phyllis.

D'une poussée, il s'écarta de X et s'élança dans l'air jusqu'à l'un des grands meubles métalliques, auquel il s'agrippa. Alors il tourna la tête pour regarder X. Celui-ci était mort et, en mourant, il avait perdu son poids. Sous l'effet de la poussée que lui avait donnée Cull, il était allé flotter, le visage tourné vers le bas, à quelques centimètres du sol. Bientôt son corps heurta un meuble et demeura complètement immobile.

— Tais-toi! Tais-toi! cria Cull à Phyllis.

Celle-ci, qui se tenait accrochée à un autre meuble un peu plus loin, cessa de crier mais se mit à sangloter. Elle semblait terrorisée.

— N'aie pas peur! lui cria Cull. Je l'ai tué et il n'y a pas d'éclairs dans le ciel! Je l'ai tué, tu m'entends? Et je peux faire mieux que cela encore! Regarde!

Il poussa un autre disque noir dans la fente et vit aussitôt danser et s'entrelacer les lignes de lumière. Puis apparurent tour à tour, en vacillant, les os, les organes, les veines et les artères, les muscles. Enfin la lumière s'éteignit et il se trouva en présence d'un autre X. Ou de quelqu'un qui ressemblait trait pour trait à celui-ci.

Dès qu'il vit l'homme barbu sortir de la cavité, Cull inséra un troisième disque dans la fente. Puis un quatrième. Au bout de quelques minutes, trois X se tenaient debout devant le meuble métallique.

— Eh bien! leur cria Cull. Pourquoi ne vous faites-vous pas mutuellement un discours, tous les trois, la

Sainte Trinité! Ce serait pour vous une expérience intéressante d'entendre mutuellement la rengaine que vous avez servie à tant de gens! Et puis vous pourriez peut-être vous répondre les uns aux autres, et je prêterais l'oreille pour tâcher de saisir la fin de l'histoire, d'apprendre ce que le vieillard aurait dû faire!

» A moins que vous ne le sachiez pas vous-mêmes?

— Qu'est-ce qui se passe? cria Phyllis. Je n'y comprends rien! Qu'est-ce que tu fais? D'où viennent ces hommes?

— Je ne sais pas, hurla-t-il en réponse, mais je vais l'apprendre, même si je dois pour cela les écorcher vifs, les mettre en pièces, leur déchirer les nerfs un à un, leur arracher la vérité des entrailles!

Les trois X se retournèrent pour faire face à Cull en disant à l'unisson :

— Ce ne sera pas nécessaire. Je vais vous dire dès à présent ce que très bientôt vous auriez appris. Mais il ne vous sera pas permis de transmettre à d'autres ce que vous allez connaître. Vous ne pouvez être prophète ici, pas plus que ne pouvaient l'être ceux que vous nommez les démons.

Cull comprit aussitôt que quelqu'un se servait des trois X comme porte-parole ou transmetteurs. Comme récepteurs aussi.

— Qui êtes-vous? demanda-t-il. Où êtes-vous?

— Juste en dehors de l'écorce qui enveloppe votre monde, homme, dirent d'une seule voix les trois X. J'étais sur le point d'entrer quand un signal d'alarme s'est allumé. J'en ai cherché la cause et j'ai découvert qu'une personne, n'ayant manifestement reçu aucune autorisation à cet effet, faisait usage des disques X. Le transmutateur âme-corps ne produit pas, normalement, autant de X en aussi peu de temps. C'est pourquoi, en me servant de l'instrument approprié — dont le nom ne signifierait rien pour vous — je me suis mis en rapport avec les X.

— Vous avez répondu à la seconde de mes questions, dit Cull. Mais vous ne m'avez pas dit qui vous êtes.

— Des êtres immortels? répondirent les X. Le qualificatif est exact mais ne permettrait pas de nous distinguer de vous. Des précurseurs? Nous appeler ainsi ne donnerait de nous qu'une description partielle. Des moralistes? Titre exact encore mais incomplet. Disons : des sauveurs.

— Des sauveurs? répéta Cull. Mais qui sauvez-vous? Et de quelle manière?

Il y eut un long silence. Les trois hommes barbus restaient debout, muets, fixant Cull avec une expression de mouton triste. Ils avaient les bras pendant le long du corps et regardaient Cull sans paraître le voir.

Puis, juste au moment où celui-ci se disait qu'il ferait mieux de s'enfuir avant que le prétendu sauveur fît son apparition, les trois X reprirent la parole, toujours d'une seule voix.

— J'ai lutté contre la tentation d'apparaître en personne et je l'ai repoussée. Je ne me montrerai pas à vous car ma vue vous semblerait si horrible que vous ne pourriez la supporter. Non pas, d'ailleurs, que je vous trouve vous-même agréable à regarder, physiquement, bien que je vous aime en tant qu'être. Je continuerai à vous parler par l'intermédiaire de ces machines.

— Ces machines? répéta Cull.

— Ces automates faits de chair et de métal. Oui, ces agents sont synthétiques. Ils n'ont pas d'âme parce qu'ils sont trop simples pour être doués de la moindre intelligence. Ils ne possèdent même pas un rudiment de conscience. Leur système nerveux est aussi développé que celui des véritables êtres humains, mais ils n'ont presque pas de cerveau au sens où vous l'entendez. Lorsque nous ne contrôlons pas leurs actes, ceux-ci sont purement automatiques.

» Ils sont à même de marcher sur le sol parce qu'ils ont dans le corps un minuscule élément de réglage de la pesanteur. Si vous disséquiez l'un des trois qui sont devant vous, vous pourriez prendre cet élément pour un organe.

Cull regarda d'un air méditatif le X mort qui flottait un peu au-dessus du plancher.

— N'essayez pas d'enlever l'élément de ce cadavre, lui dirent les X. Vous ne pourriez l'utiliser que s'il était connecté à votre système nerveux. Et, de toute façon, il serait détruit par un dispositif de commande à distance.

Tout à coup, avec une soudaineté qui fit tressaillir Cull, deux des X se levèrent et s'élancèrent dans l'air vers la sortie qui se trouvait en haut de l'escalier, à l'autre extrémité de la salle. L'un d'eux s'arrêta un instant pour observer Fyodor qui flottait toujours, inconscient; puis il reprit son vol.

— Ils sont partis à la recherche d'autres survivants du cataclysme, dit le troisième X. Celui-ci va rester pour vous instruire de ce que vous désirez depuis si longtemps connaître. Je crains, toutefois, que vous ne vous aperceviez que vous étiez plus heureux dans l'ignorance.

De nouveau, Cull tressaillit : quelqu'un venait de le toucher. Il se retourna si vivement qu'il faillit s'en aller flotter, impuissant, au-dessus des machines. Mais la main de Phyllis saisit la sienne et l'attira vers le rebord du meuble auquel la jeune femme était cramponnée.

— Excuse-moi de t'avoir effrayé, dit-elle. J'ai tout entendu. Je me suis sentie tout à coup très seule et j'ai voulu être près de toi. J'ai tellement peur!

Cull respira plusieurs fois, à fond, et en éprouva un bien-être. Et il se sentit submergé d'amour et de pitié pour Phyllis. Tous deux étaient de pauvres êtres pitoyablement petits et faibles, qui avaient besoin l'un de l'autre plus que n'importe quelles autres créatures au monde.

Il se tourna vers le bel automate à l'air intelligent et, parlant avec une audace sous laquelle il cherchait à dissimuler sa terreur, il dit :

— Comment avez-vous osé agir ainsi envers nous? Nous traiter comme si nous étions des automates comme X? Il y a un moment, parlant de l'âme, vous disiez que les êtres pensants en possédaient une. S'il en est ainsi, Phyllis possède une âme et moi de même. Alors, pourquoi nous avez-vous placés ici contre notre gré, sans même prendre la peine de nous expliquer pourquoi vous nous y mettiez?

— Il devait en être ainsi, répondit le X. Quant aux âmes, elles n'existent pas. Pas à l'état naturel. Les êtres naissent, ils vivent, ils meurent. C'est là leur fin dernière. Du moins ce le serait si nous n'intervenions pas.

» Je vais essayer d'être bref mais clair. Je ne répondrai pas à toutes vos questions, car pour le faire il me faudrait une bonne partie de l'éternité. Qu'il me suffise donc de vous dire que ma race est originaire d'une planète appartenant à une galaxie à trois distances temporelles de celle-ci. Notre galaxie s'est éteinte et désintégrée, et une nouvelle galaxie est née des cendres de l'ancienne. Puis la seconde s'est éteinte et une troisième est née.

» Ma planète a donné naissance, il y a environ cinquante milliards de vos années, à une race pensante : la mienne. Après avoir connu la civilisation pendant une dizaine de milliers de vos années, nous avons acquis une technologie suffisante pour pouvoir mettre au point une âme artificielle, un moyen scientifique d'assumer l'immortalité.

» C'est affreux de penser que plusieurs milliards d'êtres de ma race sont morts, perdus à jamais dans la nuit des temps, avant que nous ayons découvert l'âme synthétique. Cela ne semble pas juste, mais notre univers ne connaît pas la justice. D'ailleurs, nous n'avons pas abandonné l'espoir de donner un jour une âme à ces disparus. Il existe des moyens de... Mais je n'entrerai pas dans le détail.

» Nous sommes ce que vous appelleriez des êtres éminemment moraux. Nous ne nous intéressons pas qu'à notre propre espèce et à sa conservation. Nous aimons la vie, nous la tenons pour sacrée. Et cela dans un univers qui semble engendrer et tuer les êtres par milliards, comme si ceux-ci n'étaient que les simples sous-produits de quelque réaction cosmique...

» Ayant découvert le moyen de le faire, nous avons décidé que tout être doté de sensibilité vivant dans l'univers — oui, même nos animaux familiers

— ainsi qu'un certain nombre de représentants de toutes les espèces existantes devraient posséder une âme.

Cull leva les yeux vers Fyodor, espérant le voir reprendre connaissance. Le petit Slave voulait tellement savoir, il croyait si fermement au surnaturel, il avait une telle foi en son X!... Non, tout compte fait, mieux valait qu'il restât inconscient. Car la fin de l'histoire n'était pas du tout telle qu'il l'aurait souhaitée. Découvrir que cet X qu'il révérait n'était qu'un assemblage de chair et de métal dépourvu de cerveau aurait constitué pour lui une trop pénible déception.

— C'est bien le mot « âme » que j'ai employé, reprit le X. Mais qu'est-ce que l'âme? Une particule? Une onde? Non, sa nature n'est pas électromagnétique; c'est une forme d'énergie dont les gens de votre race ne soupçonnent même pas l'existence. Lorsqu'ils la connaîtront, eux aussi seront capables de créer des âmes. Mais leur travail fera double emploi avec le nôtre et sera donc sans utilité.

» Donnons à l'âme le nom de « quantum » et aux appareils qui produisent et transmettent les âmes celui de « générateurs de quanta ». Nous avons construit ces générateurs, les avons rendus indestructibles et les avons installés en de nombreux points de l'univers. Ainsi, même si certains d'entre eux venaient à être détruits, d'autres seraient à même de continuer leur travail.

» Ces générateurs transmettent constamment des quanta dont la vitesse ne se limite pas à celle de la lumière, puisqu'ils font le tour de l'univers en moins d'une heure terrestre. Ils emplissent l'univers, de sorte qu'aucun être doué de sensibilité ne peut naître sans en rencontrer un au moment voulu.

» Chaque quantum est pourvu d'un élément qui lui permet de « s'accrocher » à l'intérieur d'un être nouvellement formé, un bébé encore dans le sein de sa mère. Il s'arrête aussitôt qu'il entre en contact avec cet être et reste en lui pendant toute la durée de sa vie.

» Une fois qu'il s'y est « accroché », aucune autre âme-quantum ne peut pénétrer chez cet être. Théoriquement, du moins, car il arrive parfois par accident que plus d'un quantum s'attache au même être, ce qui explique certains types de schizophrénie.

» Aussitôt attaché à un corps, le quantum commence à enregistrer tout ce qui concerne celui-ci : l'évolution des molécules et des cellules, les modifications qui se produisent dans l'énergie électrochimique, les influx nerveux; en un mot : tout. Il accumule provisoirement ces enregistrements à mesure qu'ils s'effectuent, puis les élimine pour les remplacer par d'autres. Et ainsi de suite, jusqu'à ce que l'être subisse la mort physique suivie de l'inévitable décomposition.

» L'enregistrement définitif est la somme de ceux qui se sont accumulés de façon permanente dans le quantum. La décomposition libère celui-ci. Rempli des enregistrements de l'être qui vient de mourir, le quantum repart à toute vitesse à travers l'univers. Finalement, il est détecté par nos récepteurs d'âmes et capturé. Lorsqu'il est pris, ses enregistrements sont « joués » dans un appareil analogue à celui dans lequel vous avez inséré les disques noirs.

» L'âme, à tous points de vue, est maintenant l'individu tel qu'il était au moment de sa mort; elle renferme tout ce dont il était constitué.

» Quand nous le désirons, nous pouvons insérer le disque dans ce qu'on pourrait appeler une machine à ressusciter. Celle-ci reproduit alors, d'après les données fournies par le disque, le protoplasme du corps, ainsi que tout ce qui constituait l'individu.

» Ainsi, comme vous le voyez, il y a bien une vie après la mort. Et celle-ci ne nous est pas donnée par des moyens surnaturels, comme l'espéraient les primitifs, mais par l'intermédiaire de la science et des savants.

Cull et Phyllis restèrent un moment silencieux. Puis Cull dit d'une voix rauque, comme s'il avait reçu un coup de massue :

— Alors... je ne suis pas ressuscité... Ce n'est

pas mon vrai moi... Cette chose que je suis n'est qu'un enregistrement incarné sous une forme semblable à celle qui était jadis la mienne...

— Détrompez-vous, répondit le X. L'âme-quantum est tout autant vous-même que de la peau qui repousse après être tombée. C'est beaucoup plus qu'une excroissance provisoirement greffée sur vous. Iriez-vous prétendre qu'une âme créée surnaturellement et introduite dans votre corps ne serait pas vous? Alors pourquoi dire qu'une âme créée scientifiquement ne l'est pas? Si vous aviez reçu un coup qui vous fît perdre connaissance, diriez-vous, en revenant à vous, que vous n'êtes plus le même individu? L'âme-quantum est et continue d'être vous-même. La mort de votre corps n'est qu'un état temporaire, un sommeil. Votre être en quittant sa structure physique devient immatériel, pour reprendre ensuite son apparence physique. Mais ce n'est là qu'un passage : votre moi demeure.

Cull ne dit rien. Il avait tant de questions à poser qu'il ne savait par laquelle commencer. Mais Phyllis prit la parole à sa place pour demander d'une voix suraiguë et tremblante :

— Qu'est-ce qui se passe à présent? Pourquoi sommes-nous sur le point d'être anéantis? Je veux dire pourquoi ces séismes, ce cataclysme, ce massacre de tant d'entre nous?

— Parce que...

Le X s'interrompit et tourna la tête légèrement de côté pour regarder vers l'entrée située en haut de l'escalier. Cull, suivant la direction de son regard, vit un démon qui flottait dans l'embrasure. Sa peau était écarlate et quatre minces cornes en spirale partaient du sommet de sa tête chauve. En guise de bras il avait deux longues ailes de chauve-souris. Une queue sortait de son arrière-train, telle une ailette de cuir soutenue par deux rayons de cartilage.

— Voici quelqu'un qui va répondre à vos questions, dit le X. Il a été relevé de son obligation de silence en ce qui vous concerne. Il vous reconnaît désormais comme l'un des siens.

— Que voulez-vous dire? demanda Cull d'une voix rauque.

Sans répondre, le X prit son essor pour s'envoler vers le démon. Celui-ci s'écarta d'un coup d'ailes pour le laisser sortir par la porte. Puis il s'élança vers Cull et Phyllis en étendant lentement ses ailes, les faisant tourner comme des hélices et repoussant l'air derrière lui. Au moment d'arriver, il freina en actionnant les ailes en sens contraire et s'arrêta à quelques centimètres des deux humains. Malgré l'effroi qu'il avait ressenti en voyant partir le X, Cull ne put s'empêcher d'admirer la parfaite maîtrise de soi de cette créature : il était très difficile de voler dans un milieu privé de pesanteur.

Le démon grimaça un sourire qui découvrit ses larges dents et dit :

— Soyez le bienvenu, mon frère! Et vous, ma sœur!

— Que voulez-vous dire? répéta Cull. Pourquoi frère?

Le démon ne répondit pas. Il jeta un coup d'œil autour de lui et demanda au bout d'un moment :

— Avez-vous remarqué combien il fait chaud brusquement? Les générateurs sont en train de fondre. Les Immortels détruisent leur installation. Nous ferions bien de sortir d'ici avant d'être rôtis. J'aime bien la chaleur mais pas à ce point.

Cull comprit que, pour la première fois à sa connaissance, un démon avait dit la vérité. Une chaleur suffocante régnait dans la salle, et cette élévation de la température avait sa source dans les meubles métalliques.

— Ils sont en train de fondre, répéta le démon.

Il vola vers Cull en faisant un demi-tour, de façon à lui présenter la partie postérieure de son individu.

— Accrochez-vous à ma queue tous les deux, dit-il. Je vous tirerai dehors et, au passage, vous ramasserez votre ami inconscient.

Quelques minutes plus tard, ce train de quatre êtres avec le démon pour locomotive s'envolait hors de la salle pour s'engager dans le tunnel. Bientôt ils se retrouvèrent dans le vide, hors de la masse ronde qui tourbillonnait dans l'air en s'éloignant d'elle.

— Nous n'aurons pas de toit au-dessus de notre tête pendant un bon moment, dit le démon d'un ton allègre. Mais quand les Immortels auront réuni tous ces débris pour en faire de nouvelles masses tournant selon les axes de rotation bien définis, nous nous installerons sur l'une d'elles. Et nous pourrons entreprendre le travail que nous sommes destinés à accomplir.

— Nous? dit Cull d'un ton surpris. Voudriez-vous m'expliquer... frère?

— Que savez-vous au juste? demanda le démon.

Cull lui fit part de ce que le X lui avait appris. Le démon se mit à rire en disant :

— Ainsi donc, à présent, vous savez pourquoi nous ne pouvions pas vous dire la vérité. Pas plus que vous ne pourrez la dire aux nouveaux venus.

— Aux nouveaux venus?

— Mais oui : à ceux qui vont commencer à repeupler cette sphère. C'est une espèce qui évoluait jusqu'alors dans une sphère tout à fait semblable à celle-ci, sauf qu'elle était naturelle et non artificielle. Elle tournait juste assez pour produire une force centrifuge équivalente à un quinzième environ de celle de votre Terre.

» Aussi la forme des êtres de cette espèce est-elle très différente de la nôtre. Ils n'ont pas d'ailes; ils avancent en aspirant de l'air par un orifice et en l'expulsant vigoureusement à travers un tube cartilagineux. Ils se déplacent à reculons et, n'ayant pas besoin de membres osseux pour servir de leviers contre la pesanteur, ils ont des tentacules. Mais vous les rencontrerez en temps voulu, et vous leur paraîtrez tout aussi monstrueux que nous autres, démons, nous le paraissions.

— Mais ce... cet X n'a pas répondu à ma question, dit Phyllis. Je lui ai demandé pourquoi notre monde avait changé si brusquement, pourquoi tant d'entre nous avaient été tués et le reste abandonné pour mourir.

— Parce que ce qui est arrivé jadis à notre planète va arriver à votre Terre. Par quelque agent que j'ignore : peut-être une guerre atomique ou biologique, ou une explosion du soleil, ou encore... Je ne sais pas. Ceux de ma race ont été exterminés en se stérilisant eux-mêmes par l'emploi abusif de produits chimiques destinés à détruire les insectes nuisibles. Quand ils ont réalisé ce qu'ils étaient en train de faire, il était trop tard.

» En fait, les Immortels eux-mêmes n'ont pas dû se rendre compte de ce qui se passait. Sinon, ni moi ni beaucoup de mes semblables n'aurions été laissés pour compte.

Il se tut un instant avant de reprendre :

— Les Immortels possèdent une grande sagesse mais ils ne sont pas infaillibles. Nous en sommes la preuve. Ils ont mal calculé le nombre de ceux qui devaient naître, et nous sommes les malheureux qui constituent le surplus.

— Je ne comprends rien, dit Cull. Qu'est-ce que cela veut dire? Vous avez été laissés pour compte?... Ceux qui devaient naître?... Le surplus?...

Le démon partit d'un bruyant éclat de rire, qui le secoua de telle façon que leur cohorte fut remuée en tous sens.

Cull grinça des dents. Il aurait voulu le tuer et enrageait de se sentir impuissant.

— Excusez-moi, dit le démon. Je ne devrais pas rire. Je me rappelle encore, au bout de si longtemps, ce que j'ai ressenti moi-même en apprenant la vérité. Bien que je m'y sois accoutumé maintenant, j'ai eu beaucoup de mal, au début, à supporter l'idée que j'étais la victime des statistiques : un de ceux qui constituaient l'inévitable surplus.

» Frère, je vais vous dire une chose qui va vous stupéfier et faire de vous ce qu'elle a fait de moi, c'est-à-dire une créature véritablement démoniaque.

» Après avoir entendu ce que l'Immortel avait à vous dire, vous avez cru que vous aviez autrefois vécu sur la Terre et que vous étiez mort. Et que ce monde était la suite de vie qui vous avait été préparée par les Immortels : un Paradis ou un Enfer d'une nature étrange — pour ne pas dire plus.

» Vous vous trompiez! *Vous n'êtes pas encore né!*

Phyllis poussa un cri, mais ce n'étaient pas les mots prononcés par le démon qui l'avaient provoqué.

— Oh! Jack, dit-elle. Fyodor vient de mourir. Il a ouvert les yeux et m'a regardée; puis il a poussé un soupir et a demandé où il était. Avant que j'aie eu le temps de lui répondre, il était mort.

Sans se retourner, Cull répondit :

— Laisse-le aller, Phyllis. Il est de ceux qui ont de la chance.

— Vous avez raison, frère, intervint le démon. Il a de la chance, tout comme vous en aurez si vous êtes tués ou si vous trouvez le courage de vous tuer vous-même. Alors votre âme sera expédiée à travers l'univers. Mais vous ne remplirez pas votre destinée naturelle. Ceux de votre race sont morts; vous devrez donc vous attacher à un individu de quelque espèce différente de la vôtre. Et votre destin sera de ne jamais vous sentir chez vous, d'être toujours un étranger.

— Que diable racontez-vous là? hurla Cull.

— Calmez-vous et écoutez-moi. Les Immortels ne se sont pas contentés d'un à-peu-près. Ayant inventé l'âme artificielle de façon que tous les êtres pensants puissent être, eux aussi, immortels, ils ont imaginé d'instaurer un conditionnement de prénaissance. Pourquoi, se sont-ils dit, ne pas édifier un monde prénatal? Donner à l'âme un corps semblable au futur corps, non encore né, auquel elle sera amenée à s'attacher sur la planète naturelle? Et pourquoi ne pas donner au cerveau des souvenirs synthétiques, de façon qu'il croie avoir déjà existé? Et tenter de lui insuffler une morale avant la naissance?

» L'idée des Immortels était que cet être, appelé à mener sur la Terre une existence difficile, aurait du mal à agir selon les lois de la morale telles que les Immortels et beaucoup d'humains les conçoivent. Mais les règles de morale qu'on lui insufflerait avant la naissance lui permettraient d'obéir à une sorte de réflexe conditionné antérieur à son existence terrestre.

» L'être en question vivrait pendant un certain temps dans ce monde prénatal. Là, les divers X, par leurs sermons, lui inculqueraient les lignes de conduite de sa vie future. Cette base morale resterait gravée, bien entendu, dans son subconscient. L'âme expédiée à travers l'univers pour s'attacher à un corps terrestre ne garderait aucun souvenir conscient de sa vie pré-terrestre. Mais elle aurait une tendance inconsciente à agir selon les règles de la morale.

» Pour parler comme vos moralistes occidentaux, l'humanité est condamnée à perdre la grâce. Mais, à cause de la semence plantée en lui au cours de sa vie antérieure, l'homme peut se relever, renaître sous la forme d'un être moral.

» Ne me demandez pas ce qui se passe pour un homme qui meurt après avoir vécu sur la Terre. Les Immortels ont prévu pour lui un autre monde, mais je ne le connaîtrai ni dans ce monde-ci ni dans le suivant.

Cull tentait désespérément de mettre de l'ordre dans ses pensées.

— Mais, demanda-t-il, qu'est-ce qui m'empêcherait de m'attacher à un corps d'une autre race? A un Chinois adepte de Confucius? A un Africain adorateur des idoles? Et, d'ailleurs, pourquoi devrais-je finir sur la Terre? Si c'est vraiment le hasard qui décide de ma future affectation, pourquoi ne pourrais-je m' « accrocher » à quelque chose qui vive sur une planète à des millions d'années-lumière de la Terre?

— D'abord parce que votre âme sera — aurait été, du moins — libérée au voisinage de la Terre, envoyée vers elle. Peut-être auriez-vous été un Hindou. Et après? Vous n'en auriez pas moins éprouvé le besoin inconscient d'être bon, d'agir selon les loirs de la morale, en un mot d'obéir à la règle d'or — quel que soit le dieu que vous auriez adoré, quels que soient les préjugés et les tabous qui auraient été déterminés en vous par la race et la culture.

Cull tourna les yeux vers Phyllis. Elle le regardait d'un air hébété, comme si elle avait reçu un choc. Sa peau était d'un blanc bleuâtre, ses yeux vitreux. Derrière elle flottait la dépouille, toute menue, de Fyodor.

« Si Fyodor avait été conscient et avait entendu tout cela, se dit Cull, il aurait nié la raison d'être de ce monde. Il aurait dit que les Immortels étaient des athées et des blasphémateurs; qu'ils manquaient de foi en Dieu et que c'est pourquoi ils cherchaient à faire Son œuvre. Mais que c'était là un travail superflu, car le Créateur avait déjà façonné les âmes. Et que créer une multitude de sauveurs de façon à être sûrs que l'un d'eux au moins arrive sur la Terre était, de la part de ces athées, un acte encore plus choquant.

» Fyodor aurait rejeté tout ce que soutenaient et faisaient les Immortels. A ses yeux, ils auraient été les véritables démons, les pères du mensonge. »

— Mais, dit Cull à voix haute, si nous vivons réellement une sorte d'existence préterrestre, comment les Immortels savent-ils quels souvenirs nous donner? Comment connaissent-ils la forme que prendra la vie sur Terre?

— Oh! répondit le démon, ils sont en avance de plusieurs décennies sur la population de la Terre. Ils fournissent des âmes plus vite que l'homme ne peut procréer. Et, bien entendu, ils sont au courant de tout ce qui concerne la culture et le langage de chaque peuple... Ainsi vous et cette femme, par exemple, étiez probablement inscrits pour passer environ cinquante années terrestres à l'intérieur de cette sphère. Si vous aviez été tués avant que ce temps fût révolu, vous auriez été ressuscités autant de fois qu'il aurait été nécessaire. Puis, le conditionnement ayant vraisemblablement fait son effet, vous auriez été « enregistrés » et libérés en tant que « quanta » — si c'est le terme que vous voulez employer.

» Mais, même pour les Immortels, l'imprévu peut se produire. L'humanité sur Terre est arrivée à sa fin, tout comme cela s'était passé pour ma race.

» C'est ainsi que j'ai été abandonné ici comme un surplus. Et les Terriens qui m'ont trouvé en arrivant m'ont appelé démon. Tout comme la nouvelle espèce qui va venir vous classera dans la catégorie des démons.

» Voyez-vous, le souvenir inconscient que l'âme-quantum emporte sur Terre est plus qu'une simple aspiration à la moralité. Il est fait aussi de réminiscences de démons, de géants, d'inquiétantes bêtes anthropoformes. D'où la mythologie et les divers diables et archétypes de certaines religions.

— Mais, s'écria Cull, si c'est vrai — et je ne suis pas encore certain que vous ne cherchiez pas simplement à me tourmenter — pourquoi ne vous tuez-vous pas pour vous libérer de cet enfer?

— Parce que mon corps est un corps physique, répondit le démon. Ses cellules veulent survivre. Je ne peux pas me résoudre à me suicider. Pas encore, en tout cas; pas avant que le besoin s'en fasse absolument sentir. Peut-être serez-vous capable de vous tuer. Mais j'en doute. Vous avez survécu à tout cela, vous êtes endurci. Vous voulez vivre.

» Tout ce que je vous ai dit et que vous avez vu par vous-mêmes ne réussira pas à vous convaincre qu'il existe une autre vie. Moi-même je n'en suis pas encore entièrement convaincu. Je veux vivre dans le monde que je connais. Alors, frère, nous allons joyeusement vivre notre enfer ensemble. Nous ferons échouer les desseins des Immortels en devenant de plus en plus vils, vicieux, cyniques et sadiques. Et, quand viendra le moment de notre mort, nous serons si bien établis dans cette voie que des milliers de cycles de naissances et de renaissances ne parviendraient pas à nous remettre dans le droit chemin.

— Mais, protesta Cull, les Immortels ne vous ont peut-être pas dit la vérité, à vous non plus. Ou bien peut-être mentez-vous et...

— Va au diable, frère! cria le démon en donnant un violent coup de pied sur la main de Cull pour lui faire lâcher prise et se dégager.

Et il s'envola à tire-d'aile, laissant Cull et Phyllis suspendus dans le vide crépusculaire.

Ils restèrent enlacés l'un à l'autre, regardant flotter autour d'eux les débris d'un monde. Phyllis pleurait doucement. Cull la tenait serrée contre lui, lui tapotant l'épaule ou lui caressant les cheveux. Mais il ne pensait pas à elle. Il se disait que le vent allait les emporter, mais dans quelle direction?

Aux abords de la paroi de la sphère, selon ce qu'il avait auparavant calculé, s'était formée une zone de haute pression. L'air plus chaud au centre de la sphère constituait une zone de basse pression. L'air froid à haute pression, se déplaçant vers le centre en direction de la région de l'air chaud à basse pression, produisait le vent.

Ce qui signifiait que Cull et Phyllis ne seraient pas entraînés vers la paroi couverte de glace et entourée de brouillard, mais au contraire vers l'intérieur, du côté du soleil. Mais quels remous causeraient, à l'intérieur de cette sphère parfaite, des vents soufflant avec une force égale de chaque centimètre carré de la surface et se déplaçant vers l'intérieur? Si ce qu'avaient dit les Immortels était vrai, cela imprimerait à la sphère un léger mouvement de rotation. L'air aurait une densité, de même que les objets qui flottaient en ce moment. Cull et Phyllis auraient tendance à dériver vers la paroi. Toutefois, les vents soufflant vers l'intérieur seraient suffisamment forts pour les entraîner en sens inverse.

Un grand tourbillon d'air se formerait près du centre. Seraient-ils pris, tous les deux, dans ce tourbillon et amenés à tournoyer indéfiniment? Les connaissances météorologiques de Cull n'étaient pas suffisantes pour lui permettre d'en décider.

S'ils mouraient d'inanition ou par suite d'une collision avec quelque débris, leurs âmes — ou quanta — seraient libérées puis détectées par les récepteurs des Immortels. Ceux-ci les traiteraient comme ils le faisaient avec les autres âmes qu'ils récupéraient et les relâcheraient ensuite. Elles s'envoleraient dans le cosmos, ricochant aux quatre coins de l'univers, pour s'en aller là où le hasard les conduirait. Cull et Phyllis seraient séparés à jamais. Cull serait capturé par un être dont l'aspect et la structure nerveuse attireraient son âme. Phyllis aussi, mais peut-être dans une autre région de l'univers, à des millions d'années-lumière de celle où se trouverait Cull.

Il renaîtrait, cette fois dans un corps non humain, mais qui devrait avoir une certaine apparence humaine pour pouvoir happer son âme-quantum. Et son destin originel serait annulé. Jamais il ne connaîtrait la planète Terre. Les souvenirs qu'il en garderait, même si son être futur pouvait encore les évoquer, seraient faux. Mais en fait il n'aurait pas de souvenirs. C'était un soulagement, en un sens : il ne se rappellerait rien. Même si, par quelque hasard, lui et Phyllis devaient renaître sur la même planète, peut-être même dans le même sein, comme jumeaux, aucun des deux ne reconnaîtrait l'autre.

Mais peut-être feraient-ils d'étranges rêves, peut-être leur subconscient aurait-il, durant le sommeil, la vision fugitive d'objets vaguement familiers? S'ils se rencontraient effectivement, éprouveraient-ils l'un pour l'autre une inexplicable affinité? Et ce qu'ils avaient appris à connaître du bien et du mal en ce monde les influencerait-il dans l'autre?

Cull l'ignorait.

Il y avait beaucoup de questions qu'il n'avait pas eu le temps de résoudre. Par exemple, pourquoi X portait-il des lunettes noires? Ou encore, quelles étaient l'origine et la destination des idoles que ses compagnons et lui avaient découvertes dans le tunnel?

Peut-être le bruit qui courait au sujet des lunettes noires était-il plus proche de la vérité qu'on n'aurait pu le supposer. Certains, en effet, prétendaient que

X portait ces lunettes pour dissimuler et atténuer le trop puissant éclair de divinité qui brillait dans ses yeux. C'était faux, bien entendu; mais il se pouvait que X se fût servi des lunettes pour créer autour de lui une aura de crainte respectueuse. Ceux qui le regardaient imaginaient le terrible et brûlant éclat de ses yeux derrière les verres noirs.

Quant aux idoles, elles avaient aussi leur histoire. On racontait qu'autrefois, lorsque les démons étaient en majorité, ils avaient imposé aux êtres humains leur culte, sous la forme de ces idoles. Par la suite, quand les hommes s'étaient trouvés en nombre suffisant pour renverser les démons, ils avaient brisé les idoles.

Peut-être les démons avaient-ils réussi à en cacher quelques-unes dans le but de les exposer de nouveau lorsqu'un autre cataclysme aurait décimé l'humanité au point de leur permettre à eux, démons, de remettre en vigueur leurs lois et leur religion.

Malheureusement pour eux, ils avaient été décimés aussi.

Cull ouvrit la bouche pour faire part de ses pensées à Phyllis mais s'aperçut qu'il ne pouvait rien dire. Les mots refusaient de sortir de ses lèvres. Le silence imposé par les Immortels devait s'étendre aux êtres d'une même essence, aux autres... « démons ».

Elle le regarda à travers ses larmes en demandant :

— Qu'est-ce que tu allais dire, Jack?

— Je t'aime, répondit-il.

Et il l'embrassa.

Plus tard, en regardant par-dessus l'épaule de Phyllis, il songea avec quelle facilité ces mots lui étaient venus. Il avait parlé en partie pour calmer la frayeur de la jeune femme et lui faire sentir une protection, une sécurité. Mais ce désir de l'apaiser ne signifiait-il pas qu'il l'aimait? D'un amour fondé non seulement sur l'attirance sexuelle, mais aussi sur le fait qu'elle était — comme lui — un être humain?

— Voici une autre âme en peine qui vient vers nous, dit-il.

Phyllis se retourna dans ses bras pour regarder dans la direction qu'il indiquait.

Ce faisant, elle leur imprima à tous deux un mouvement de rotation plus rapide. Tout en tournant sur eux-mêmes, ils virent le nouveau venu grandir tandis qu'il s'approchait, et bientôt ils purent distinguer chaque détail de son corps.

C'était un long corps en forme de tube, de couleur marron et jaune, muni à l'une de ses extrémités de six minces tentacules semblables à des nageoires caudales et à l'autre d'une crête de peau en dents de scie. Chaque côté du corps était pourvu d'un gros pédoncule portant deux yeux enfoncés dans leurs orbites. A l'extrémité du corps tournée vers Cull et Phyllis, il y avait un orifice bordé de deux épaisses lèvres pourpres qui s'ouvraient et se refermaient. Cull pensa qu'il devait s'agir de valves pour le tube à air comprimé dont l'étrange créature semblait se servir pour se propulser, tel un engin à réaction, dans l'atmosphère.

Le nouveau venu tourna d'abord prudemment autour des deux humains, puis, ayant apparemment décidé qu'ils ne pouvaient lui faire de mal, il s'élança vers eux et effleura l'épaule de Phyllis du bout d'un de ses tentacules.

Phyllis hurla.

L'étrange créature hurla à son tour et s'éloigna à toute vitesse.

— Elle reviendra, dit Cull. Tôt ou tard nous deviendrons ses esclaves, tout comme les démons ont été les nôtres.

Il tenta de dire à Phyllis ce qu'il pensait mais sentit de nouveau peser sur lui l'obligation du silence.

« Maintenant, je comprends ce que ressentaient les démons, se dit-il. Je voudrais faire savoir à ces créatures que les actes qu'elles commettront ici influeront sur leur vie dans un autre monde. Mais je constate que cela m'est impossible. Alors je vais m'irriter de ce qu'elles ne voient pas ce qui m'apparaît avec autant d'évidence. Je leur en voudrai d'être si aveugles, si bornées. Et, désirant leur voir faire ce qui est juste, je les détesterai de se montrer égoïstes, cruelles, indifférentes, arrogantes ou mesquines. Je les haïrai mais, en même temps, je les aimerai...

» Elles me demanderont : « Qu'est-ce que la vérité? »

» Et je ne pourrai pas le leur dire parce qu'elles le savent déjà. »

Science-fiction

Depuis 1970, cette collection est leader du genre en France. Tous les grands de la S-F sont présents : Asimov, Van Vogt, Clarke, Dick, Vance, Simak mais également de jeunes auteurs qui seront les écrivains de premier plan de demain : Tim Powers, David Brin...
Elle publie aussi des titres Fantasy (Conan, Gor...), genre en plein redéploiement aux Etats-Unis.

ANDERSON Poul
La reine de l'air et des ténèbres 1268/**3**
La patrouille du temps 1409/**3**

APRIL Jean-Pierre
Berlin-Bangkok 3419/**4** Inédit

ASIMOV Isaac

Les cavernes d'acier 404/**4**
Les robots 453/**3**
Face aux feux du soleil 468/**3**
Tyrann 484/**3**
Un défilé de robots 542/**3**
Cailloux dans le ciel 552/**3**
La voie martienne 870/**3**
Les robots de l'aube 1602/**3** & 1603/**3**
Le voyage fantastique 1635/**3**
Les robots et l'empire 1996/**4** & 1997/**4**
Espace vital 2055/**3**
Asimov parallèle 2277/**4** Inédit
Le robot qui rêvait 2388/**6** Inédit
La cité des robots 2573/**6** Inédit
Cyborg (La cité des robots 2) 2875/**6**
Refuge (La cité des robots 3) 2975/**6**
Robots et extra-terrestres
- Le renégat 3094/**6** Inédit
- L'intrus 3185/**6** Inédit
- Humanité 3290/**6** Inédit
Robots temporels
- L'âge des dinosaures 3473/**6** Inédit

BALLARD J.G.
La forêt de cristal 2652/**3**
Le monde englouti 2667/**3**
Salut l'Amérique ! 2704/**3**
La plage ultime 2859/**3**
La région du désastre 2953/**3** Inédit

BESSIERE Richard
Les 7 anneaux de Rhéa 2848/**2**

BLAYLOCK James
Homunculus 3052/**4** Inédit

BLISH James
Semailles humaines 752/**3**

BRIN David
Marée stellaire 1981/**5** Inédit
Le facteur 2261/**5** Inédit
Elévation 2552/**5** & 2553/**5**

BROOKS Terry
Le glaive de Shannara 3331/**8** Inédit

CANAL Richard
Swap-Swap 2836/**3** Inédit
Ombres blanches 3455/**4** Inédit

CARD Orson Scott
Abyss 2657/**4** Inédit

CARROLL Jonathan
Le pays du fou rire 2450/**4** Inédit
Ombres complices 2718/**3**

CHERRYH C.J.

Chasseurs de monde 1280/**4**
Les adieux du soleil 1354/**3**
Les Seigneurs de l'hydre 1420/**4**
Chanur 1475/**4**
L'Opéra de l'espace 1563/**3**
L'épopée de Chanur 2104/**3**
La vengeance de Chanur 2289/**4** Inédit
Le retour de Chanur 2609/**7** Inédit
Les légions de l'enfer 2814/**5** Inédit
Cyteen 2935/**6** & 2936/**6** Inédit
Volte-face 3144/**5**
Forteresse des étoiles 3330/**7**
Temps fort 3417/**8** Inédit

CLARKE Arthur C.

2001 : l'odyssée de l'espace 349/**2**
2010 : odyssée deux 1721/**3**
2061 : odyssée trois 3075/**3**
Les enfants d'Icare 799/**3**
Avant l'Eden 830/**3**
L'étoile 966/**3**
Rendez vous avec Rama 1047/**7**
Rama II 3204/**7** Inédit
Les fontaines du Paradis 1304/**3**
Les chants de la terre lointaine 2262/**4**
Base Vénus :
- Point de rupture 2668/**4** Inédit
- Maelström 2679/**4** Inédit
- Cache-cache 3006/**4** Inédit
- Méduse 3224/**4** Inédit
- La lune de diamant 3350/**4** Inédit
- Les lumineux 3379/**4** Inédit

CURVAL Philippe	**Le ressac de l'espace** 595/**3**
	La face cachée du désir 3024/**3**
DANIELS Les	**Le vampire de la Sainte Inquisition** 3352/**4** Inédit
DE HAVEN Tom	**D'un monde l'autre** 3186/**5** Inédit
	Le Mage de l'Apocalypse 3308/**5** Inédit
DICK Philip K.	**Dr Bloodmoney** 563/**4**
	Le maître du Haut Château 567/**4**
	A rebrousse-temps 613/**3**
	Les clans de la lune alphane 879/**3**
	L'homme doré 1291/**3**
	Le dieu venu du Centaure 1379/**3**
	Blade Runner 1768/**3**
DICK et NELSON	**Les machines à illusions** 1067/**3**
DICKSON Gordon R.	**Le dragon et le georges** 3208/**4** Inédit
	Le Chevalier Dragon 3418/**8** Inédit
DONALDSON Stephen R.	**L'éternité rompue** 2406/**6**
FARMER Philip José	**Les amants étrangers** 537/**3**
	L'univers à l'envers 581/**2**
	Des rapports étranges 712/**3**
	La nuit de la lumière 885/**3**
	Le soleil obscur 1257/**4**
FERGUSSON Bruce	**L'ombre de ses ailes** 3226/**5** Inédit
	Le poids des âmes 3474/**7** Inédit
FOSTER Alan Dean	**Alien** 1115/**3**
	AlienS 2105/**4**
	Alien 3 3294/**4**
FRÉMION Yves	**Rêves de sable, châteaux de sang** 2054/**3** Inédit
GIBSON William	**Neuromancien** 2325/**4**
	Mona Lisa s'éclate 2735/**4** Inédit
	Gravé sur chrome 2940/**3**
GODWIN Parke	**En attendant le bus galactique** 2938/**4** Inédit
HABER Karen	**Le super-mutant** 3187/**4** Inédit
HALDEMAN Joe	**La guerre éternelle** 1769/**3**
	Immortalité à vendre 3097/**5** Inédit
HAMILTON Edmond	**Les rois des étoiles** 432/**4**
	Le retour aux étoiles 490/**4**
HARRISON Harry	**Le rat en acier inox** 3242/**3**
HEINLEIN Robert A.	**Une porte sur l'été** 510/**3**
	Etoiles, garde à vous 562/**4**
	Double étoile 589/**2**

581

Achevé d'imprimer en Europe (France)
par Brodard et Taupin à La Flèche (Sarthe)
le 5 novembre 1993. 1620I-5
Dépôt légal nov. 1993. ISBN 2-277-11581-9
1er dépôt légal dans la collection : février 1975

Éditions J'ai lu
27, rue Cassette, 75006 Paris
Diffusion France et étranger : Flammarion